Die Absteckung von Gleisbogen aus Evolventenunterschieden

von

Max Höfer

Oberlandmesser, Amtmann bei der Reichsbahndirektion
Altona

Mit 68 Abbildungen im Text
und 7 mehrfarbigen Tafeln

Berlin
Verlag von Julius Springer
1927

ISBN 978-3-642-51265-0   ISBN 978-3-642-51384-8 (eBook)

DOI 10.1007/978-3-642-51384-8

Vorwort.

Den längst allgemein anerkannten Nutzen der Festlegung der Bahnachse nach Richtung und Höhe haben verschiedene Fachmänner zahlenmäßig zu erfassen versucht[1]). Die zuverlässigsten Angaben darüber
dürften diejenigen des Regierungsbaurats Landenberger sein, da sie
auf unmittelbaren Aufzeichnungen und nicht nur auf Schätzungen be-
ruhen. Landenberger kommt zu dem Ergebnis, daß die Deutsche
Reichsbahn bei Anwendung des Nalenzschen Verfahrens nach Ablauf
der ersten drei Jahre jährlich rund $2^1/_2$ Millionen Mark an
Gleisunterhaltungskosten ersparen würde. Mag auch die Rechnung im einzelnen noch anfechtbar sein: — jedenfalls handelt es sich
um einen recht nennenswerten Betrag.

Nicht in Rechnung gestellt ist die Abnutzung der Fahrzeuge.
Die Spurkränze der Räder, die Drehgestelle und Drehzapfen der Wagen,
selbst die Puffer und Kuppelungen leiden zweifellos am meisten unter
den Seitenstößen, denen die Fahrzeuge beim Durchfahren schlecht-
liegender Gleiskrümmungen ausgesetzt sind. Die Schäden, die hierdurch
entstehen, werden sich niemals zahlenmäßig erfassen lassen, da ihr Ursprung nicht nachweisbar ist; dennoch wird niemand bezweifeln, daß
ein recht großer Anteil an den Unterhaltungskosten des Fuhrparks ebenfalls der mangelhaften Gleislage, besonders in Bogen, zuzuschreiben ist.

Die Bahnverwaltungen haben allen Anlaß, der Lage der Gleisbogen
dauernd Aufmerksamkeit zu schenken; eine häufige und schnelle Nachprüfung der Lage setzt aber eine dauerhafte Vermarkung der Achse in
kurzen Abständen voraus. Daß das von Landmesser Nalenz erfundene
Evolventenverfahren am schnellsten und sichersten zur Erkenntnis
der Lagefehler und der Verbesserungsmöglichkeiten führt, ist vielfach
anerkannt und noch von keinem Kenner des Verfahrens bestritten
worden.

---

[1]) Vgl. folgende Aufsätze in der Zeitung des Vereins Deutscher Eisenb.-
Verw.

a) Reg.-Rat Schmidt: „Über Maßnahmen und Mittel zur Verbilligung
der Bahnunterhaltungskosten bei den dtsch. Staatsbahnen", Jahrg. 1914,
S. 1373 u. Jahrg. 1915, S. 695.

b) Beiträge dazu von Reg.-Rat Dr. Ing. Saller, Jahrg. 1915, S. 365
und Inspektor Becker, Jahrg. 1915, S. 455.

c) Reg.-Baurat Landenberger: „Maßnahmen zur Verbilligung der
planmäßigen Gleisunterhaltung", Jahrg. 1924, S. 1070 und Berichtigung
dazu, Jahrg. 1925, S. 283.

Dieses Verfahren weiteren Kreisen mundgerecht zu machen, ist der Zweck des vorliegenden Buches. Die Darstellung sucht sich dem Verständnis auch solcher Leser anzupassen, die keine nennenswerte mathematische Vorbildung genossen haben; liegt doch die Schwierigkeit des Verfahrens nicht auf mathematischem Gebiet, sondern auf dem der Vorstellungskraft. Man muß sich wagerechte Linien als Bogentangenten, schräge Linien als Krümmungsausdrücke, Ordinaten eines Höhenbildes als Winkelmaße usw. vorstellen lernen. Für den, der sich in diesen ungewohnten Vorstellungskreis einmal hineingelebt hat, ist die praktische Anwendung des Verfahrens erstaunlich einfach.

Um dieses Sicheinleben zu erleichtern, sind dem Buche viel mehr Abbildungen eingefügt worden, als die mathematischen Ableitungen erfordert hätten; es ist auch versucht worden, die mathematischen Entwicklungen auf elementare Vorstellungen zurückzuführen, so daß das Buch von jedem mit lebhaftem Vorstellungsvermögen begabten Techniker wird benutzt werden können.

Besonders dankenswerte Sorgfalt hat der Verlag auf die Wiedergabe der Tafeln verwendet, die praktische Beispiele veranschaulichen. Es ist Wert darauf gelegt worden, an diesen Beispielen nicht nur zu zeigen, wie man richtig arbeitet, sondern auch, welche Mängel entstehen, wenn man gewisse Rücksichten außer acht läßt; darum sind dieselben Bogen verschiedentlich mehrfach unter Zugrundelegung veränderter Bedingungen durchgearbeitet worden; kritische Betrachtungen und Vergleiche sind meist lehrreicher als wortreiche Auseinandersetzungen.

Altona, im Dezember 1926.

Der Verfasser.

Inhaltsverzeichnis.

Einleitung.

Aus der Messung der Pfeilhöhen eines fehlerhaften Gleisbogens läßt sich ermitteln, in welcher Richtung und um welches Maß das Gleis an jeder Stelle verschoben werden muß, wenn es eine fehlerlose Lage erhalten oder außerdem noch durch örtlich bedingte Punkte gehen soll. Es bedarf dazu nicht der noch vielfach üblichen geometrischen Aufnahme auf Tangenten oder Sehnen oder einen Eckzug aus derartigen Linien, es bedarf nicht der Auftragung eines geometrischen Planes in einem zur Erkenntnis der Lagefehler geeigneten Maßstab, nicht der mühsamen Berechnungen und nicht der Absteckung von vorgenannten Linien aus, die oft erst nach mancherlei fruchtlosen Versuchen zu dem gewünschten Erfolge führt.

Das neue Verfahren hat seit dem Jahre 1914, in dem es durch meine Schrift „Die Berichtigung der Krümmung in Gleisbogen" weiteren Kreisen bekanntwurde, manche Probe bestanden; sein Anwendungsgebiet ist durch neue Erfahrungen und Erkenntnisse wesentlich gewachsen; sein wirtschaftlicher Nutzen kann nicht mehr bezweifelt werden.

Dieses alles rechtfertigt nicht nur, sondern verlangt auch eine ausführlichere Darstellung und strenger durchgeführte Beweise der mathematischen Grundlage, als ich im Jahre 1914 geben konnte.

Über das Verhältnis dieses Verfahrens zu dem von Landmesser Nalenz erfundenen Verfahren unterrichtet der letzte Abschnitt dieses Buches.

I. Die Aufnahme.

1. Die Wahl der Schiene.

Es ist grundsätzlich gleichgültig, welche Schiene eines Bogengleises zur Messung der Pfeilhöhen benutzt wird. Die Aufgabe, von einem fehlerhaften Bogen aus einen fehlerlosen abzustecken, ist auch lösbar, wenn gar kein Gleis vorhanden ist, sondern wenn man dieses ersetzt durch mit Drahtstiften versehene Holzpfähle, die in gleichen Abständen in annähernder Kreisbogenlage eingerammt sind. Derartiges ist mit bestem Erfolg versucht worden.

Man bevorzugt die äußere Schiene, und bei zweigleisigen Strecken die äußerste, weil die Lage der Schwellen dann als Richtschnur für die Messung der seitlichen Abstände bei der Absteckung dient, und die Meßlatte ohne Behinderung durch die Überhöhung sicher aufliegt. Von zwei Gleisen wird nur eines durchmessen; das andere verliert seine meist gleichartigen Krümmungsfehler von selbst, wenn es in den regelmäßigen Abstand von der neu abgesteckten Achse verlegt wird.

2. Teilpunkte.

Die gewählte Schiene wird in Abschnitte von 5 m Länge eingeteilt, zweckmäßig mit 5-m-Latten, weil dann zwei Meßgehilfen genügen. Einer mißt, und der andere bezeichnet die Teilpunkte durch Ölkreidestriche an der dem Mittelpunkt des Bogens zugekehrten Seite der Schiene vom Kopf bis auf den Steg hinunter. (Eine Marke am Kopf allein würde durch die Spurkränze abgeschliffen werden, sofern die äußere Schiene gewählt wurde.) Die Teilung beginnt zweckmäßig bei einem Markstein der Streckenteilung; sie muß mindestens je 20 m in die anschließenden Geraden hineinreichen. Zur Erleichterung der Übersicht empfiehlt sich eine Unterscheidung der Strichmarken nach 5-, 10- und 20 m-Punkten, indem man etwa die Zehner durch ein Kreuz und die Zwanziger durch eine Null am Schienensteg hervorhebt.

Eine dauerhaftere Bezeichnung ist nicht erforderlich; denn die Absteckung folgt wenige Tage auf die Aufnahme, und Ölkreide hält selbst bei Regenwetter mehrere Wochen.

3. Schutz der Standlinie.

Die eingeteilte Schiene bildet die Standlinie für die Absteckung. Daher dürfen in der Zwischenzeit keinerlei Gleisunterhaltungsarbeiten an dem Bogen ausgeführt werden. Man vermeide auch die

Tage größter Hitze, weil bei unzureichenden Temperaturspielräumen selbsttätige Gleisverwerfungen auftreten können.

4. Messung der Pfeilhöhen.

Die Pfeilhöhen werden an 20 m langen Bogenabschnitten gemessen. Zwei Arbeiter spannen eine feine Schnur von einem bis zum viertfolgenden Teilpunkt, indem sie die Schnur gegen den Schienenkopf drücken. In der Mitte stemmt der Beobachter einen Maßstab gegen den Schienenkopf und liest die Pfeilhöhe (Stichhöhe des Bogens) ab. Dann gehen alle drei Personen 5 m weiter zur Messung der folgenden Pfeilhöhe. Die Messung beginnt an einem Ende des Bogens noch in der Geraden, so daß die erste Pfeilhöhe Null (oder fast Null) sein muß, und sie endet in der abschließenden Geraden wieder mit der Pfeilhöhe Null (oder fast Null, s. Abschn. 7, Schlußsatz).

5. Fehlerquellen.

Die Messung ohne andere Hilfsmittel als Schnur und Maßstab birgt mancherlei Fehlerquellen. Da die Absteckung von den benutzten Teilpunkten ausgeht, ist es von Wichtigkeit, daß diese Teilpunkte selbst unzweifelhaft festliegen. Ist nun die Fahrkante des Gleises etwa abgeschliffen, so werden die Meßgehilfen die Schnur vielleicht an irgendeine Stelle der Schleifspur drücken; bei der Absteckung stößt man die Latte dagegen an den innersten Punkt des erhalten gebliebenen Schienenkopfes, der dann vom Messungspunkt verschieden wäre.

Da die Schnur vermöge ihres Eigengewichtes durchhängt, muß man den Maßstab über die Schnur halten; man hat keine Gewähr dafür, daß die Blickrichtung beim Ablesen senkrecht ist; denn die schräge Stellung der Schiene täuscht.

Ferner klebt die Schnur an den Bogenenden, wo die Pfeilhöhe Null sein soll, gern an der Schiene; es kommen sogar schwache Gegenkrümmungen an diesen Stellen vor, und diese kann man gar nicht erfassen.

Endlich ergeben sich Schwierigkeiten, wenn Zwangschienen vorhanden sind, und bei der Messung durch Weichen, bei Übergängen in Schienenhöhe usw. In solchen Fällen hängt die Schnur nicht frei, oder der Maßstab kann nicht angesetzt werden.

6. Der Pfeilhöhenmesser.

Diesen Mängeln wird abgeholfen, wenn man den Pfeilhöhenmesser benutzt, den die Firma Max Wolz in Bonn hergestellt hat und vertreibt. Er besteht aus einem Maßstab und zwei Spannhobeln und einem Schnurreiter.

Die Spannhobel sind handgroße Brettchen mit eisernen Anschlagwinkeln (s. Abb. 1). Der seitliche Metallbeschlag hat ein Bohrloch, durch
das die Schnur (wenig stärker als Aktenheftgarn) gefädelt wird. Dadurch wird die Schnur 1 cm von der Schiene abgehoben, wenn das Brettchen wie ein Hobel auf den Schienenkopf gelegt wird. Eine wenig
empfindliche Dosenlibelle, die in den Hobel eingelassen ist, dient dazu,
das Brettchen wagerecht, also den Anschlagwinkel senkrecht halten zu
können. Bei Hindernissen (Zwangschienen, Überwegen) können die
Hobel hochgezogen werden, soweit die Länge des Anschlagwinkels es

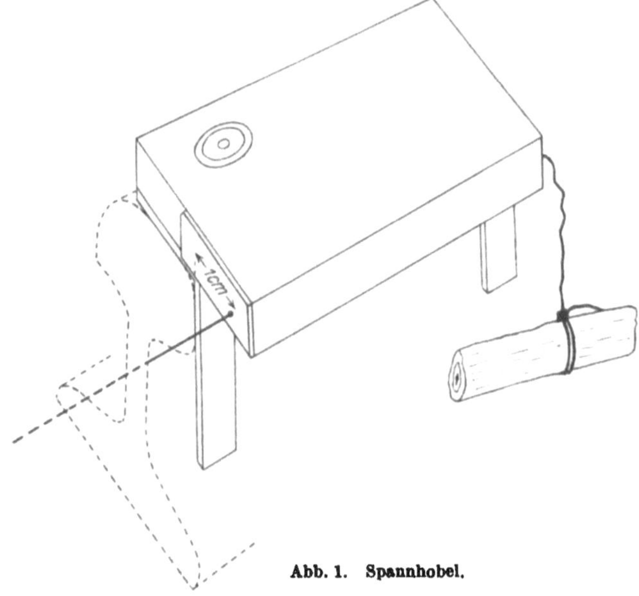

Abb. 1. Spannhobel.

zuläßt; in diesem Falle sind die Libellen sorgfältig zu beobachten, was
man den Meßgehilfen einschärfen muß.

Der Maßstab trägt gleichfalls eine Dosenlibelle und einen nach oben
und unten reichenden Anschlagwinkel (s. Abb. 2). Im allgemeinen
wird er unter der Schnur angesetzt und mit Hilfe des oberen Anschlages
so weit gehoben, daß er die Schnur gerade berührt. Bei Hindernissen
muß er über die Schnur gehalten werden mit Hilfe des unteren
Anschlages. Dann setzt man auf die Schnur den Reiter, an dessen
zugeschärfter Kante man das Maß abliest. Der Reiter ist eine Metallzunge mit anhängendem Gewicht, das ihre senkrechte Einstellung
bewirkt.

Der Nullstrich des Maßstabes ist entsprechend den Bohrlöchern an
den Spannhobeln in 1 cm Entfernung von der Hinterkante des Anschlags angeordnet, so daß die Ablesungen keiner Umrechnung bedürfen.

Die Teilung läuft bis zum Anschlag durch, so daß man auch kleine negative Pfeilhöhen ablesen kann.

Der Maßstab ist an einer Seite nach Zentimetern, an der anderen nach Doppelzentimetern beziffert und in Millimeter bzw. Doppelmillimeter untergeteilt. Der Zweck wird in Abschn. 21 erörtert. Man schätzt bei Benutzung der Zentimeterteilung noch halbe Millimeter, bei Benutzung der anderen Teilung noch die geraden Zehntel der Doppelmillimeter, allerdings nur bei Windstille, wenn das ohne Mühe möglich ist. Nötig ist diese Genauigkeit nicht; Messung auf volle Millimeter reicht

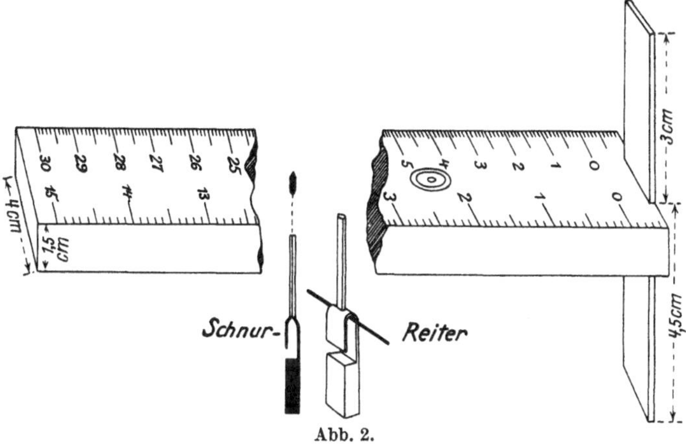

Abb. 2.

vollkommen aus. Sehr flache Bogen erfordern genauere Messung als stark gekrümmte.

Der Pfeilhöhenmesser kostet 22,50 ℳ. Man prüfe das Gerät an einer Tischkante, indem man die Hobel so nahe aneinanderlegen läßt, daß der Maßstab eben noch dazwischen geht. Ein kleiner Fehler des Nullstriches kann nach Abnahme des Anschlags durch Nachfeilen der Nut oder Einschiebung einer Pappscheibe oder eines Bleches leicht beseitigt werden.

7. Versuche.

Um vor der Erfindung kostspieliger Gerätschaften, die meistens zu Enttäuschungen führen, zu warnen, mag hier erwähnt werden, welche Versuche schon gemacht worden sind. Es muß zugegeben werden, daß die Schnur manchmal reißt und sich besonders leicht an der Öse des Spannhobels durchscheuert. Ein oder mehrere Knoten in der Schnur beeinträchtigen die Güte der Messung nicht. Die Schnur wird zum Schutz gegen das Ausfasern und Fäulnis mit Wachs eingerieben.

Messingdraht hat sich nicht als geeignet erwiesen. Man kann aber den Versuch empfehlen, das Ende der Schnur, an dem sie straff gespannt wird, auf etwa $^{1}/_{2}$ m Länge durch feinen Blumendraht zu ersetzen,

um das Durchscheuern an der Austrittöffnung zu verhüten. In jüngster
Zeit sind anderweitig Versuche mit ganz feinem Stahldraht (Brücken-
prüfungsdraht) gemacht worden, die voll befriedigt haben sollen. Dieser
Draht wird zweckmäßig eingefettet und auf Holzrollen mit Randhohl-
kehle gewickelt, um Knickungen zu verhüten. Zur Spannung werden
eiserne Handgriffe mit Klemmschrauben empfohlen. Es wird zu prüfen
sein, ob die Arbeiter durch den größeren Kraftaufwand nicht von der
Beobachtung der Libellen und des genauen Anliegens der Spannhobel
abgelenkt werden.

Die Ablesegenauigkeit hatte ich ursprünglich dadurch zu steigern
versucht, daß ich auf den Kanten des Maßstabes, der einen entsprechenden Querschnitt erhalten sollte, einen Schlitten aus einem in Metall ge-
faßten Glasplättchen mit eingeätztem Ablesestrich auf Aluminium-
rollen laufen lassen wollte. Senkrecht unter der Marke sollte der untere
Teil des Schlittens eine Gabel tragen, die auf die Schnur aufgesetzt
werden sollte. Wolz hat mir davon abgeraten, weil trotz der leichten
Bauart die Reibungswiderstände noch zu groß gewesen wären.

Die Anforderung an die Genauigkeit soll nicht übertrieben werden.
Bruchteile von Millimetern werden nur mit Rücksicht auf die später zu
erörternde Fehlerfortpflanzung aufgeschrieben; für die einzelne Pfeilhöhe spielen selbst die vollen Millimeter keine Rolle, da man ein Gleis
niemals mit solcher Genauigkeit verlegen und dauernd erhalten kann.
Daher wird man sich auch an den Bogenenden oft mit einem der Null
nahe kommenden Wert begnügen, wenn das Gleis so schlecht liegt, daß
selbst in der Geraden der genaue Wert Null nicht erreicht wird, sondern
verschwindend kleine positive und negative Pfeilhöhen miteinander
abwechseln.

8. Das Feldbuch.

Die Aufnahme des Bogens ist zu ergänzen durch Aufschreibungen
über die Lage des Bogens zur Anfangstangente (Rechts- oder Linksbogen), über den für Verschiebungen verfügbaren Raum, besonders durch
Anmessung fester Gegenstände wie Mauern, Signale, Maste usw., über
die Größe der Stoßlücken, über unverschiebbare Stellen wie Brücken,
Bahnsteigkanten u. dgl. Für diese Aufzeichnungen und etwa wünschens-
werte Skizzen ist die rechte Feldbuchseite frei zu lassen.

Die linke Seite muß enthalten eine Spalte zur Eintragung der Teilpunkte, zweckmäßig nach der Stationierung der Strecke, eine Spalte
für die Eintragung der gemessenen Pfeilhöhenwerte h und eine Spalte
für die Glieder der Summenreihe dieser Pfeilhöhen, deren Zweck
später erläutert wird. Ferner können Spalten vorgesehen werden
zur Eintragung einer zweiten Beobachtung, zur Eintragung der Verschiebungsmaße und der Maße für die Absteckung der endgültigen

Achse. Eine zweimalige Messung ist im allgemeinen nicht erforderlich (s. Abschn. 23). Mit der Berichtigung der Gleislage geht die Standlinie verloren; das Feldbuch hat also keinen dauernden Wert, weshalb man die Berichtigungsmaße auch auf einen anderen Zettel schreiben kann. Das Feldbuch für einen kleinen Bogen möge hier Platz finden, um die äußere Form zu zeigen.

9. Der Arbeitsaufwand.

An Arbeitskräften erfordert die Einteilung der Schiene mit 5-m-Latten zwei, mit Bandmaß drei Meßgehilfen, die Pfeilhöhenmessung erfordert außer dem Beobachter zwei Mann zum Spannen der Schnur.

An Zeit verlangt die Einteilung etwa $1\,^1/_2$ Stunden für das Kilometer, die

1	2	3	4	5
km	h dcm	Σh dcm	Achse	Bemerkungen
27,4				Rechtsbogen
+ 40	0,00			Linkes Gleis
	0,26	0,00		
+ 50	0,64	0,26		Fahrkante
	1,80	0,90		
+ 60	3,20	2,70		
	2,56	5,90		
+ 70	2,00	8,46		
	2,50	10,46		
+ 80	2,74	12,96		
	3,46	15,70		
+ 90	3,30	19,16		
	2,10	22,46		
27,5	1,24	24,56		$+\,1,5\,m = \text{Stein } \frac{27}{5}$
	0,80	25,80		
+ 10	0,30	26,60		$[h_{10}] = 13,42$
	0,00	26,90		$[h_5] = \underline{13,48}$
	26,90			26,90
				(s. Abschn. 22)

Aufnahme bei günstiger Witterung ebensoviel. Der Zeitverbrauch hängt von der Stärke des Zugverkehrs und von der Anzahl und Art der zu vermerkenden Besonderheiten, Festpunkte usw. ab; er wird insgesamt 4 Stunden für das Kilometer Bogenlänge höchst selten überschreiten.

Daß auf gefahrvollen Strecken wie bei anderen Messungen ein besonderer Warner aufzustellen ist, braucht wohl kaum erwähnt zu werden.

II. Pfeilhöhen und Evolventen.

10. Evolventen.

Die berichtigte Achse soll durch Messung seitlicher Abstände vom fehlerhaft gekrümmten Gleise aus abgesteckt werden. Diese Abstände liegen also in der Richtung des Halbmessers. In dieser Richtung verläuft nach außen der erste Teil der Abwicklungslinie oder Evolvente. Man kann demnach die Lagefehler als Evolventenfehler auffassen.

Die Kreisevolvente ist die Bahn eines Punktes, der sich vom Kreisumfang so nach außen fortbewegt, daß seine Tangente an den Kreis nach einer Seite jederzeit gleich ist der Länge des Bogens zwischen seinem Ursprung und dem Berührungspunkt. Schlingt man einen Faden um eine Kreisscheibe, bis ein Knoten P den Rand der Scheibe berührt, und wickelt dann den Faden in straffer Spannung ab, so beschreibt der Knoten eine Evolvente (Abb. 3).

Die Teilpunkte der Schiene würden bei der Abwicklung eine Evolventenschar erzeugen (Abb. 4). Denkt man sich den **fehlerlosen** Kreisbogen auf den **fehlerhaften** Kreisbogen gelegt und beide gleichzeitig

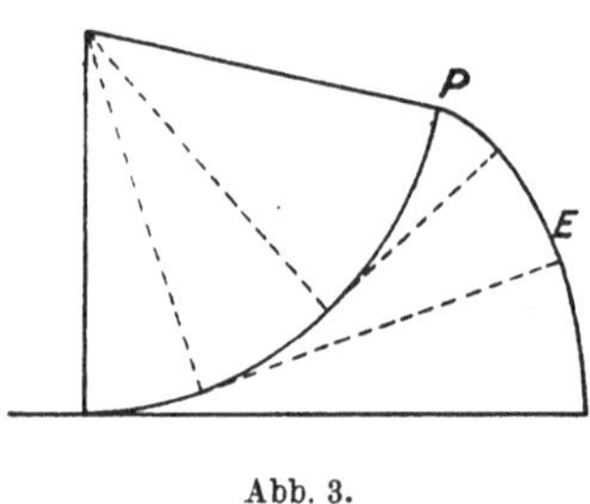

Abb. 3.

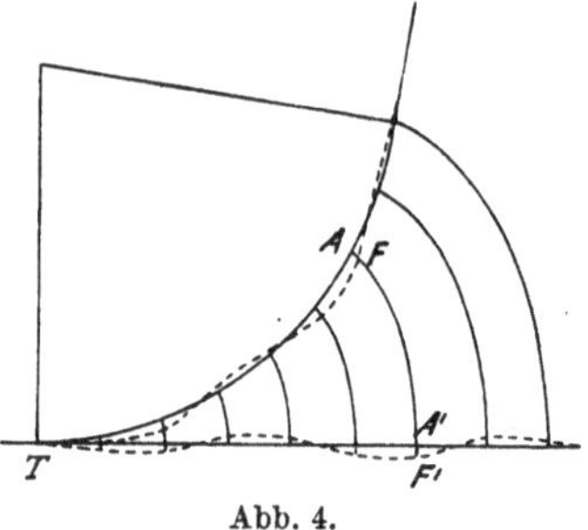

Abb. 4.

abgewickelt, so würden die seitlichen Lagefehler (AF) als Höhen ($A'F'$) an den entsprechenden Teilpunkten der Anfangstangente erscheinen, diese selbst aber gewissermaßen den glatt gestreckten Kreisbogen veranschaulichen. Eine derartige Darstellung in stark verzerrtem Maßstabe bezweckt das Verfahren.

Die **Evolventen sind nicht meßbar**, stehen aber in einem bestimmten Zusammenhang mit den Pfeilhöhen. Um diesen klar zu stellen, müssen zunächst die Eigenschaften der Evolvente näher untersucht werden.

11. Teilevolventen.

Denkt man sich einen in gleiche Abschnitte $\varDelta s$ (Delta s) geteilten Bogen s von Teilpunkt zu Teilpunkt ruckweise abgewickelt und bei jedem Teilpunkt die Tangente gezogen, so werden die Hauptevolventen (zur Anfangstangente) in Abschnitte zerlegt, die sich als Vielfache der Teilevolventen zu erkennen geben (Abb. 5).

Der Aufbau der Hauptevolventen aus den Abschnitten ergibt folgende Reihe:

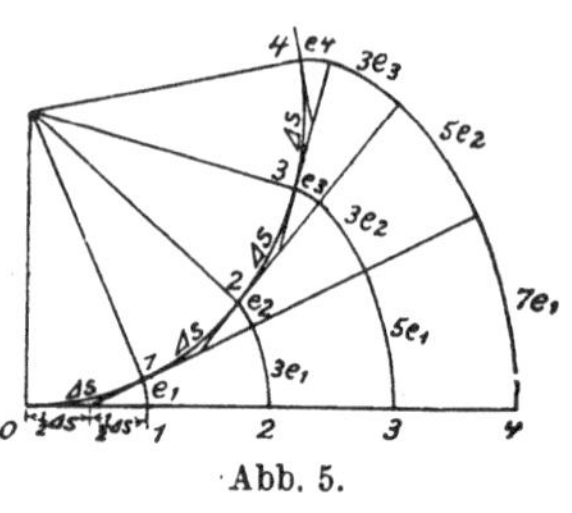

Abb. 5.

$$E_0 = 0 \tag{1}$$
$$E_1 = 1\,e_1$$
$$E_2 = 3\,e_1 + 1\,e_2$$

$$E_3 = 5e_1 + 3e_2 + 1e_3$$
$$E_4 = 7e_1 + 5e_2 + 3e_3 + 1e_4$$
$$\vdots \qquad\qquad \vdots$$
$$E_n = (2n - 1)e_1 + (2n - 3)e_2 + \ldots + 3e_{n-1} + 1e_n$$

Diese Reihe kann man sich auf folgende Weise entstanden denken: Aus den Teilevolventen e_n (Spalte 1 der folgenden Aufstellung (2)) erhält man durch fortlaufende Addition ihre erste Summenreihe (Spalte 2), aus den Gliedern dieser Reihe auf gleiche Art die zweite Summenreihe (Spalte 3). Addiert man nun je zwei benachbarte Glieder dieser Spalte 3, so entsteht offenbar die Hauptevolvente zum Teilpunkt des größeren Gliedes (Spalte 4)

Teilpunkte	1 Teil- evolv.	2 1. Summenreihe	3 2. Summenreihe	4 Hauptevolvente	
0	0	0	0	0 $= E_0$	
1	e_1	e_1	$1e_1$	$1e_1$ $= E_1$	
2	e_2	$e_1 + e_2$	$2e_1 + 1e_2$	$3e_1 + 1e_2$ $= E_2$	
3	e_3	$e_1 + e_2 + e_3$	$3e_1 + 2e_2 + 1e_3$	$5e_1 + 3e_2 + 1e_3$ $= E_3$	(2)
4	e_4	$e_1 + e_2 + e_3 + e_4$	$4e_1 + 3e_2 + 2e_3 + 1e_4$	$7e_1 + 5e_2 + 3e_3 + 1e_4 = E_4$	
$\vdots$	$\vdots$	$\vdots$	$\vdots$	$\vdots$	
n	e_n	$\Sigma\, e_n$[1])	$\Sigma\Sigma\, e_n$	$\Sigma\Sigma\, e_{n-1} + \Sigma\Sigma\, e_n = E_n$	

Die Teilevolventen eines fehlerlosen Kreisbogens müssen sämtlich einander gleich ($= e$) sein; die Entwicklung der Hauptevolventen würde sich folgendermaßen gestalten:

Tlp.	1	2	3	4	
0	0	0	0	0 $= E_0$	
1	e	$1e$	$1e$	$1e$ $= E_1$	
2	e	$2e$	$3e$	$4e$ $= E_2$	
3	e	$3e$	$6e$	$9e$ $= E_3$	(3)
4	e	$4e$	$10e$	$16e$ $= E_4$	
$\vdots$	$\vdots$	$\vdots$	$\vdots$	$\vdots$	
$n-1$	e	$(n-1)\,e$	$\dfrac{(n-1)n}{2}\,e$		
n	e	ne	$\dfrac{n(n+1)}{2}\,e$	$n^2 e$ $= E_n$	

Die Koeffizienten der Glieder in Spalte 4 sind die Quadrate der natürlichen Zahlen.

12. Evolventenformel.

Es bleibt noch die Größe des beharrlichen Faktors e zu bestimmen. Wenn man $\varDelta s$ im Verhältnis zum Halbmesser r recht klein wählt, so

---

[1]) Σ (Sigma) dient zur Bezeichnung von Summen als Gliedern von Summenreihen; abgeschlossene Summen bezeichnet man durch eckige Klammern, z. B. [e], gelesen „Summe e". Hier wird das letzte Reihenglied $\Sigma\, e_n = [e]$.

kann man die Teilevolvente e dem lotrechten Abstand des Bogenpunktes von der Tangente gleichsetzen. Dieser aber ist gleich der Pfeilhöhe des Bogens von $2\,\varDelta s$ Länge, wie Abb. 6 unmittelbar erkennen läßt. Unter derselben Voraussetzung kann man die Bogenlänge $\varDelta s$ mit der zugehörigen Sehne vertauschen, und diese ist als Kathete eines rechtwinkligen Dreiecks die mittlere Proportionale zwischen der Hypotenuse $2r$ und ihrem Schatten h auf diese Hypotenuse, also: $h:\varDelta s = \varDelta s:2r$, und folglich:

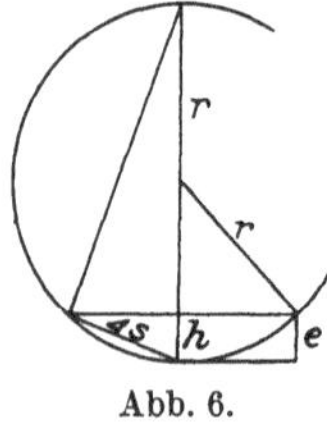

Abb. 6.

$$e = h = \frac{(\varDelta s)^2}{2r}. \tag{4}$$

Das n in der letzten Zeile der Ableitung (3) in Abschn. 11 bezeichnet die Anzahl der gemessenen Werte e oder h, und da man sich $\varDelta s$ beliebig klein, ja unendlich klein denken darf, so erhält man ohne Rücksicht auf das Verhältnis von $\varDelta s$ zu r als Ausdruck für eine Hauptevolvente:

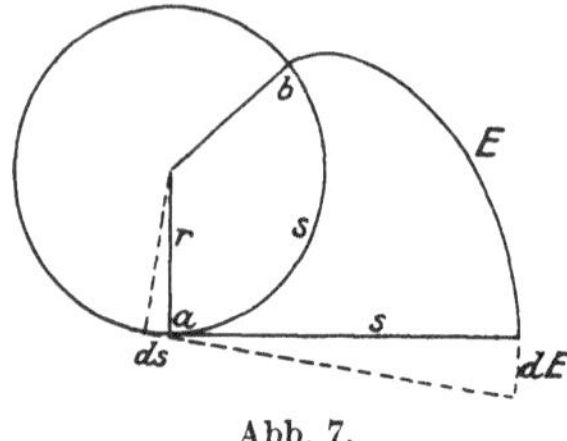

Abb. 7.

$$E = n^2 \cdot \frac{(\varDelta s)^2}{2r} = \frac{(n \cdot \varDelta s)^2}{2r} = \frac{s^2}{2r}, \tag{5}$$

worin s den ganzen abgewickelten Bogen, nämlich das $n$fache von $\varDelta s$ bezeichnet.

Zu demselben Ergebnis führt auf kürzerem Wege die Infinitesimalrechnung. Verlängert man die Evolvente E eines Bogens $ab = s$ (Abb. 7) um ein unendlich kleines Stück dE, so verschiebt sich der Berührungspunkt der Tangente um das Stück ds. Die Tangente und der Halbmesser drehen sich um gleiche Winkel. Es entstehen ähnliche Dreiecke. Aus

$$\frac{dE}{ds} = \frac{s}{r} \quad \text{folgt durch Integration obige Formel} \tag{6}$$

$$E = \frac{s^2}{2r}. \tag{5}$$

13. Vertauschung von e und h.

Wenn man die Bogenlänge $2\,\varDelta s$, an denen die Pfeilhöhen gemessen werden, zu 20 m annimmt, so ist die Vertauschung von e und h für die bei Eisenbahnen vorkommenden Halbmesser unbedenklich. Für den kleinsten Halbmesser von 180 m ist die Evolvente eines 10 m langen Bogens $e_{10} = 0{,}2777 \ldots$ m, die Pfeilhöhe eines 20 m langen Bogens aber $h_{20} = 0{,}27792$ m (Unterschied $= 0{,}14$ mm). Für den Halbmesser 100 m beträgt der Unterschied erst 0,5 mm. Bei noch enger gekrümmten Kleinbahngleisen, auf die in dieser Schrift keine Rücksicht genommen wird, würde es ratsam sein, die Pfeilhöhen in 2,5 m = Abständen an 10 m langen Bogenabschnitten zu messen.

14. Zentriwinkel.

Nach Abb. 8 läßt sich $h + e = 2h = 2e$ als Bogenmaß des Winkels β im Kreise von 10 m Halbmesser auffassen. Dieser Winkel zwischen Sehne und Tangente ist aber gleich dem halben Zentriwinkel. Da sich nach Abb. 5 der jeweils durchlaufene Zentriwinkel α aus derartigen Teilwinkeln β zusammensetzt, muß die **Summe der Teilevolventen von der Anfangstangente bis zu einem beliebigen Bogenteilpunkt die Hälfte des bis dahin durchlaufenen Zentriwinkels im Bogenmaß zum Halbmesser 10 m ausdrücken.**

15. Ungleichheit der Evolventen.

Ein Vergleich der Abb. 6 und 8 zeigt, daß die Teilevolvente e zu jeder der beiden Bogenhälften gehören kann, während an dem ganzen Bogen nur eine Pfeilhöhe h meßbar ist. Es fragt sich, für welche Bogenhälfte von 10 m

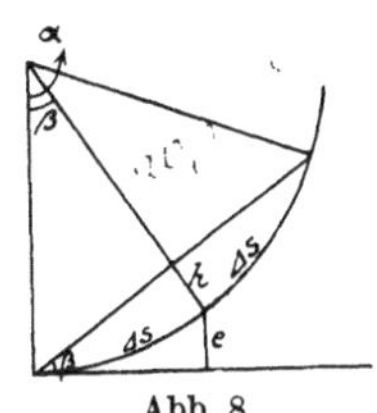

Abb. 8.

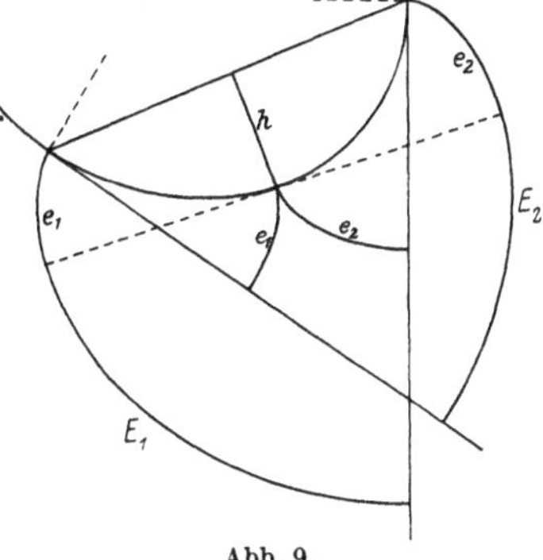

Abb. 9.

Länge sie die Teilevolvente ersetzen soll; denn die Evolventen eines fehlerhaften Bogens sind verschieden, je nachdem man ihn nach rechts oder nach links abwickelt. Abb. 9 zeigt für denselben Bogen zwei offenbar recht verschiedene Evolventen E_1 und E_2 und auch verschiedene Teilevolventen e_1 und e_2, weil die Tangente an dem schärfer gekrümmten Bogenende sich schneller vom Bogen entfernt als diejenige am anderen Ende. Die Pfeilhöhe aber ist weder gleich e_1 noch gleich e_2.

16. Herleitung der Evolventen aus Pfeilhöhen.

Die Unsicherheit, die soeben zutage getreten ist, wird dadurch beseitigt, daß man die Pfeilhöhen in 5-m-Abständen mißt. Abb. 10 stellt einen fehlerlosen Bogen mit den Abwicklungen für seine Teilpunkte dar. Der Bogenanfang fällt nicht mit einem Teilpunkt zusammen; man wird auch in der Wirklichkeit den Bogenanfang nach dem Augenmaß nicht genau feststellen können. Der rückwärts vom Bogenanfang gelegene Teilpunkt ist mit Null bezeichnet. Hier ist die Evolvente gleich Null. Bei dem Teilpunkt 1 ist schon eine von Null verschiedene Evolvente vorhanden; also muß bei dem Teilpunkt — 1 (rückwärts von Null) schon eine Pfeilhöhe h_{-1} meßbar sein.

Man kann die Pfeilhöhen in zwei Gruppen zerlegen, nämlich in die bei den Teilpunkten mit geraden und in die bei den Teilpunkten mit ungeraden Kennziffern beobachteten Pfeilhöhen, die der Kürze halber die Gruppen der Geraden und Ungeraden heißen mögen. Jede Gruppe genügt für sich allein, um die Evolventen für alle Teilpunkte dieser Gruppe zusammenzustellen (vgl. Abschn. 11). Man hat also zwei voneinander (scheinbar) unabhängige Systeme, die ineinander geschachtelt sind. Sie sind in der Abbildung durch die Strichart unterschieden.

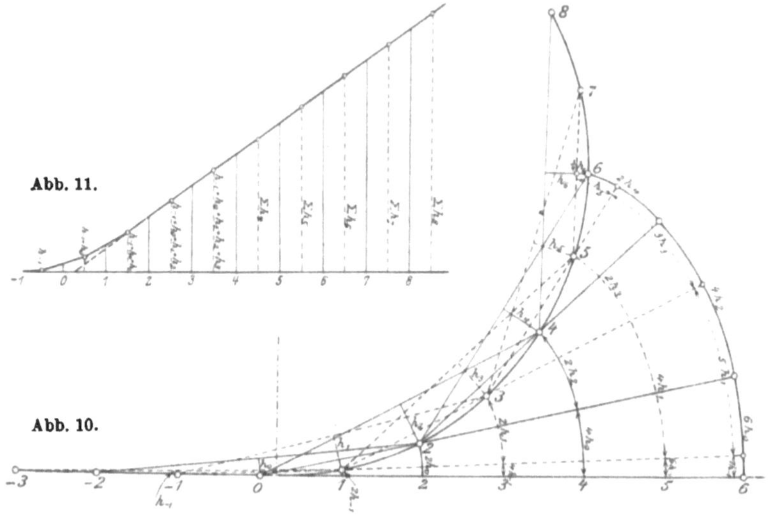

Abb. 10 und 11.

Man betrachte die Gruppe der Geraden (voll ausgezogen). Die erste Pfeilhöhe dieser Gruppe ist h_0 beim Teilpunkt 0. Also ist die Evolvente beim Teilpunkt 2 gleich $2h_0$. Zeichnet und verlängert man die Sehne 0—2, so beträgt ihr Abstand von der Anfangstangente (im Bogen auf den Evolventen gemessen) bei den einzelnen Teilpunkten die der Bezifferung der Teilpunkte entsprechenden Vielfachen von h_0, also bei 4 den vierfachen, bei 6 den sechsfachen Wert.

In gleicher Weise pflanzt sich h_2 im Winkel zwischen den Sekanten 0—2 und 2—4 im Verhältnis zur Entfernung fort, ebenso h_4 usw.

Die Evolvente für den Teilpunkt 6 setzt sich demgemäß zusammen aus den Abschnitten zwischen den mit größeren Kreisen bezeichneten Punkten und liefert die Reihe:

$$E_6 = 6h_0 + 4h_2 + 2h_4.$$

(7)

Die Pfeilhöhe h_6 hat auf diese Evolvente keinen Einfluß mehr. Aus der Gruppe der Ungeraden könnte man in gleicher Weise die Evolventen E_5 und E_7 unmittelbar bestimmen. Nun betrachte man die Fortpflanzung der Pfeilhöhen aus dieser Gruppe auf die Evolvente E_6. Die Reihe der durch kleinere Kreise getrennten Abschnitte: $7h_{-1} + 5h_1 + 3h_3 + h_5$ reicht in den Kreis hinein, und zwar mit dem Stück vom Bogenpunkt 6 bis zur Sehne 5—7, und dieses Stück ist $\frac{1}{4}h_6$ als Pfeilhöhe der halben Bogenlänge 4—8.

Man kann demnach setzen:

$$E_6 = 7h_{-1} + 5h_1 + 3h_3 + h_5 - \tfrac{1}{4}h_6 . \tag{8}$$

Zählt man die Gleichungen (7) und (8) zusammen, so entsteht:

$$2E_6 = 7h_{-1} + 6h_0 + 5h_1 + 4h_2 + 3h_3 + 2h_4 + h_5 - \tfrac{1}{4}h_6 . \tag{9}$$

17. Der Aufbaufehler.

Die vorstehende Reihe kann man sich ähnlich entstanden denken wie die Reihen in Abschn. 11, nämlich nach folgender Zusammenstellung 1:

Tlp.	Pf.-H.	Σh	$\Sigma\Sigma h = 2E_n + \tfrac{1}{4}h_n$
— 2	0	0	0
— 1	h_{-1}	h_{-1}	$1\,h_{-1}$
0	h_0	$h_{-1} + h_0$	$2\,h_{-1} + 1\,h_0$
1	h_1	$h_{-1} + h_0 + h_1$	$3\,h_{-1} + 2\,h_0 + 1\,h_1$
2	h_2	$h_{-1} + h_0 + h_1 + h_2$	$4\,h_{-1} + 3\,h_0 + 2\,h_1 + 1\,h_2$
3	h_3	Σh_3	$5\,h_{-1} + 4\,h_0 + 3\,h_1 + 2\,h_2 + 1\,h_3$
4	h_4	Σh_4	$6\,h_{-1} + 5\,h_0 + 4\,h_1 + 3\,h_2 + 2\,h_3 + 1\,h_4$
5	h_5	Σh_5	$7\,h_{-1} + 6\,h_0 + 5\,h_1 + 4\,h_2 + 3\,h_3 + 2\,h_4 + 1\,h_5$
6	h_6	Σh_6	$\Sigma\Sigma h_6$

$$\tag{10}$$

Offenbar sind die Glieder der zweiten Summenreihe gleich den doppelten Evolventen, vermehrt um ein Viertel der an dem betreffenden Teilpunkt gemessenen Pfeilhöhe, wenn man, wie hier geschehen, die Glieder beider Summenreihen je eine halbe Stufe tiefer, also in den Zwischenräumen der vorhergehenden Reihe anschreibt (vgl. die Anordnung des Feldbuchs in Abschn. 8).

Das Glied $\frac{1}{4}h_6$ in der Gleichung (9) ist nur klein; es haftet der doppelten Evolvente an; der Evolventenfehler ist nur $\frac{1}{8}h_6$, wenn man es vernachlässigt. Beim fehlerlosen Kreisbogen hätten alle Evolventen den gleichen Fehler, der leicht zu beseitigen wäre. Am fehlerhaften Bogen sind die Pfeilhöhen zwar verschieden, aber es könnte nur noch ein Achtel des Unterschiedes zwischen der mittleren und den Einzelpfeilhöhen als Fehler wirksam werden. Aber am Bogenanfang machen sich Widersprüche geltend. Beim Nullpunkt müßte die Evolvente Null sein; aus der Zusammenstellung (10) ergibt sich aber $E_0 = \frac{1}{2} h_{-1}$, wenn man auf die Berichtigung verzichtet. Die Werte h_{-1}, h_0 und h_1 sind mit den weiteren Pfeilhöhen nicht gleichwertig und können nicht als Ersatz für Teilevolventen gelten, weil sie gar keine Bogenpfeilhöhen sind.

Die Ursache der Störung ist der Aufbaufehler, den man begeht, wenn man Teilevolventen durch Pfeilhöhen ersetzt. Er macht sich nur an den Bogenenden (und bei plötzlichem Halbmesserwechsel) bemerkbar, wo ein großer Teil der gespannten Meßschnur gewissermaßen auf den Tangenten schleift. An diesen Stellen darf der Fehler nicht unberücksichtigt bleiben.

18. Höhenbild aus Pfeilhöhensummen.

Trägt man nach Abb. 11 die Werte Σh der Zusammenstellung (10) als Höhen (Ordinaten) zu dem Mittel der Längen des dem Endglied entsprechenden und des darauf folgenden Teilpunktes als Abszissen auf, z. B. Σh_2 mit dem Endgliede h_2 mitten zwischen den Teilpunkten 2 und 3, an welcher Stelle der Wert Σh_2 auch in der Zusammenstellung (10) angeschrieben steht — also allgemein Σh_n zwischen den Teilpunkten n und $n + 1$ —, so ist die Summe dieser Ordinaten $(\Sigma \Sigma h)$ bis zu einem beliebigen Teilpunkt nichts anderes als die mit dem Aufbaufehler noch behaftete doppelte Evolvente dieses Teilpunktes. Beispielsweise ist die Summe der gestrichelten Ordinaten bis einschließlich Σh_5 die doppelte Evolvente des Teilpunktes 6, wenn man vorläufig von dem Aufbaufehler absieht.

Multipliziert man die Summe dieser Ordinaten mit dem Teilpunktabstand, so hat man die Fläche bis zu dem betreffenden Punkt (etwa Punkt 6).

Die doppelte Evolvente ist gleich der Länge eines Flächenstreifens von der Breite des Teilpunktabstandes, der gleichen Inhalt hat mit der Fläche zwischen der Randlinie des Höhenbildes und der Auftraglinie bis zu dem betreffenden Teilpunkt — immer noch abgesehen von dem Aufbaufehler.

Die Abb. 11 gibt einen Fingerzeig, wie der Aufbaufehler zu beseitigen ist; er äußert sich nämlich in dem bei genügend enger Teilung parabolischen Anlauf der Randlinie, die völlig gerade sein müßte, wenn anstatt der Pfeilhöhen Evolventen am fehlerlosen Bogen gemessen worden wären.

19. Untersuchung des Aufbaufehlers.

Man denke sich den fehlerlosen Bogen enger eingeteilt, etwa in 2-m-Abschnitte, und von 2 zu 2 m die Pfeilhöhen an 20 m langen

Bogen gemessen. Bezeichnet man die Evolvente bei dem Teilpunkt 1 mit e, so haben die übrigen Evolventen die in Abb. 12 eingetragenen Werte gemäß der Zusammenstellung (3) in Abschn. 11. Die Strecke von — 10 bis 0 ist gerade, also ist die Pfeilhöhe $h_{-5} = 0$. Die folgenden Pfeilhöhen werden bis zum Nullpunkt gleich den Hälften der Evolventen der um je 5 Abschnitte vorausliegenden Teilpunkte, z. B. $h_0 = \frac{1}{2} \cdot 25 e$. Von da an müssen die Pfeilhöhen durch Abzug der Teilpunktevolventen von der Hälfte der Evolventen der um 5 Abschnitte vorausliegenden Teilpunkte gebildet werden, etwa $h_5 = \frac{1}{2} \cdot 100 e - 25 e$. Vom Teilpunkt 5 an werden alle Pfeilhöhen gleich ($= 50 e$).

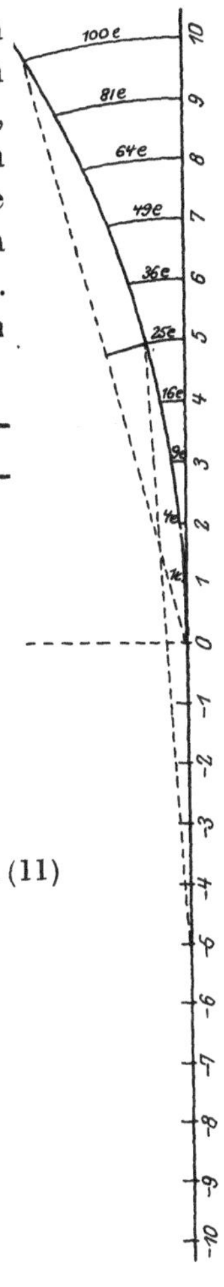

Man erhält nebenstehende Aufstellung:

Trägt man die Werte als Ordinaten zu den Längen der Bogenteilung auf, so erhält man nach Abb. 13 einen S-förmigen Bogen, der bei unendlich enger Teilung aus zwei Parabeln zweiten Grades bestehen würde, denn die Abstände der Punkte 0—5 von der durch die Endhöhe 50 gezogenen Parallelen sind gleich den symmetrisch liegenden Höhen von — 5 bis 0, z. B. $50 - 34 = 16$, nehmen also im Verhältnis zum Quadrat der Längen (vom Endpunkt aus) ebenso ab, wie sie in der vorderen Hälfte gewachsen sind.

Trägt man aber die Werte Σh als Ordinaten zu den um den halben Teilungsabstand vergrößerten Längen auf, so entsteht die in Abb. 14 dargestellte Kurve, über deren Charakter die Differenzenreihen Aufschluß geben.

(Der beharrliche Faktor $\frac{e}{2}$ ist wie in den Abbildungen fortgelassen.)

Tlp.	h	Σh
— 5	0	
		0
— 4	$1\,\frac{e}{2}$	
		1
— 3	$4\,\frac{e}{2}$	
		5
— 2	$9\,\frac{e}{2}$	
		14
— 1	$16\,\frac{e}{2}$	
		30
0	$25\,\frac{e}{2}$	
		55
1	$34\,\frac{e}{2}$	
		89
2	$41\,\frac{e}{2}$	
		130
3	$46\,\frac{e}{2}$	
		176
4	$49\,\frac{e}{2}$	
		225
5	$50\,\frac{e}{2}$	
		275
6	$50\,\frac{e}{2}$	
		325
:	:	

$$\left.\right\}\,\frac{e}{2}\;(11)$$

Abb. 12.

Stammreihe: 0   1   5   14   30   55   89   130   176   225

1. Differ.-Reihe   1   4   9   16   25   34   41   46   49

2. „   „   3   5   7   9 | 9   7   5   3

3. „   „   2   2   2   0   2   2   2

Die dritte Differenzenreihe hat beharrliche Glieder bis auf das Mittelglied 0. Es liegen demnach 2 Reihen dritter Ordnung vor; denn die Beharrlichkeit der Glieder der dritten Differenzenreihe ist das Kennzeichen der kubischen Reihe. Die Symmetrie der 2. Differenzenreihe von der Mitte aus läßt erkennen, daß hier zwei völlig gleiche Reihen sich treffen (vgl. auch Abb. 13). Die Kurve besteht also aus zwei kubischen Parabeln, die gleich lang sind und in der Mitte eine gemeinsame Tangente haben.

Die Ordinaten der Abb. 14 wachsen von 225 an um je 50 Einheiten $\left(\dfrac{e}{2}\right)$; die Linie steigt gerade weiter. $225:50 = 4\tfrac{1}{2}$; bei diesem Teilpunkt ist die Ordinate 225 auch aufgetragen. Die Verlängerung der Stei-

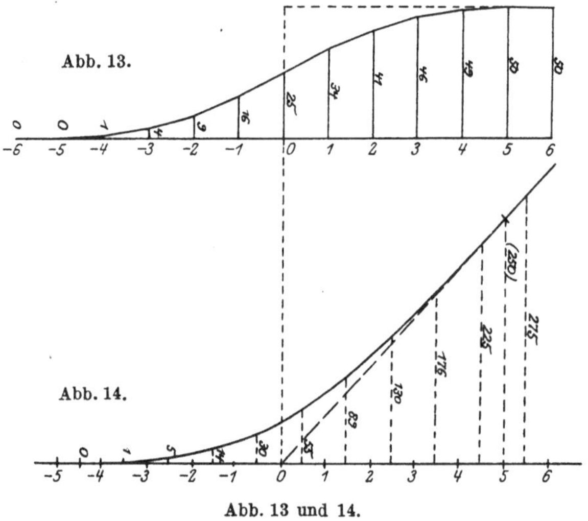

Abb. 13 und 14.

gung geht also durch den Nullpunkt, den Bogenanfang. Darum ist es notwendig, bei Auftragung des Höhenbildes (Abb. 11) die Pfeilhöhensummen um die Hälfte der Bogenteilung vorwärts zu schieben; sonst würde man den Bogenanfang falsch bestimmen.

Abb. 15 stellt den aus zwei kubischen Parabeln bestehenden Ausrundungsbogen mit der gemeinsamen Tangente dar. Die Subtangente bd ist ein Drittel von ab. Wenn nämlich in Abb. 16 die Strecke p diese Subtangente der kubischen Parabel von der Form $y = m \cdot x^3$ bezeichnet, so ist:

$$p = \frac{y}{\operatorname{tg} \tau} \quad ; \text{ es ist aber} \tag{13}$$

$$\operatorname{tg} \tau = \frac{dy}{dx} = 3mx^2, \quad \text{folglich} \tag{14}$$

$$p = \frac{y}{3\,m\,x^2} = \frac{m\,x^3}{3\,m\,x^2} = \tfrac{1}{3}x .\tag{15}$$

Daher ist in Abb. 15: $db = \tfrac{1}{3}ab$.

Nun ist aber der Bogen ec der Abb. 15 nur ein verzerrtes Spiegelbild des Bogens ae; er liegt nur in einem schiefwinkligen Koordinatennetz mit bc als Abszissenachse. Die Subtangente bf ist ein Drittel von bc, und daraus folgt, daß die gemeinschaftliche Tangente df mit der Sehne ac gleichläuft, und daß $be = \tfrac{1}{3}bg$ ist.

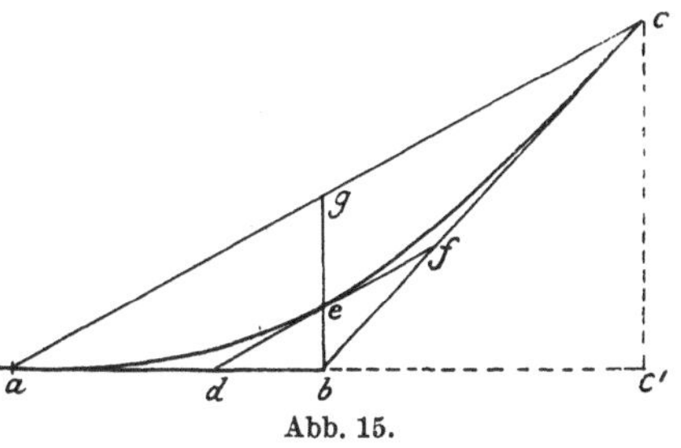

Abb. 15.

Hiermit bietet sich eine zweite Möglichkeit zur Beseitigung des Aufbaufehlers. Nach Abschn. 18, Abb. 11, konnte man die Tangente zeichnen, aber an dem Höhenbild für einen fehlerhaften Bogen ist die Richtung dieser Tangente nicht so klar erkennbar wie in Abb. 11. Man kann zweitens eine Sehne von 2 cm Schattenlänge in die Ausrundung einzeichnen und die Hälfte der zugehörigen Pfeilhöhe nach außen absetzen. Nimmt man das Mittel zwischen dem so gewonnenen Punkt und dem Tangentenschnitt und zieht von hier aus die je 1 cm langen Tangenten, so darf man gewiß sein, daß kein nachteiliger Fehler übrigbleibt.

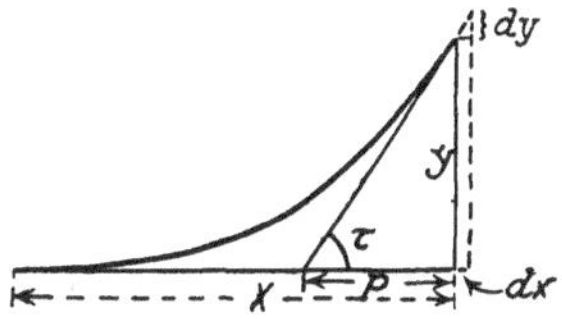

Abb. 16.

Ebenso ist bei plötzlichem Halbmesserwechsel zu verfahren.

Um die Größe des Aufbaufehlers zu ermitteln, werde angenommen, daß der Nullpunkt des in 5-m-Abschnitte geteilten Bogens mit einem Teilpunkt zusammenfällt.

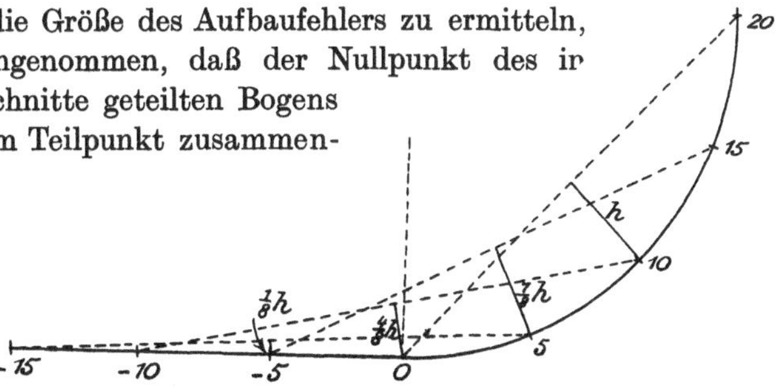

Abb. 17.

Die Pfeilhöhen sind nach Abb. 17 in folgender Aufstellung angegeben, wobei die regelmäßige Pfeilhöhe eines 20-m-Bogens h genannt worden ist (vgl. Abschn. 19, Abs. 1).

Trägt man die Summenwerte als Ordinaten in den vorwärts gelagerten Mittelpunkten der Teilung auf (Abb. 18), so ist ohne weiteres deutlich, daß die Höhe zwischen 0 und 5 durch die gestrichelte Verlängerung der geraden Steigung (vgl. Abb. 14) in zwei Abschnitte von den Größen $\frac{1}{8} h$ und $\frac{4}{8} h$ zerlegt wird. Die Länge eines Flächenstreifens von 5 m Breite, der gleichen Inhalt mit der über den Tangenten liegenden Fläche hat (vgl. Abschn. 18), ist $\frac{1}{8} h + \frac{1}{8} h = \frac{1}{4} h$. Das ist in der Tat der in Abschn. 16 festgestellte Fehler der doppelten Evolvente, um den durch Berichtigung der Randlinie des Höhenbildes alle Evolventen gekürzt werden müssen.

(16)

Tlp.	Pf.-H.	Summe
— 10	0	
— 5	$\frac{1}{8} h$	0
0	$\frac{4}{8} h$	$\frac{1}{8} h$
5	$\frac{7}{8} h$	$\frac{5}{8} h$
10	$\frac{8}{8} h$	$\frac{12}{8} h$
15	$\frac{8}{8} h$	$\frac{20}{8} h$

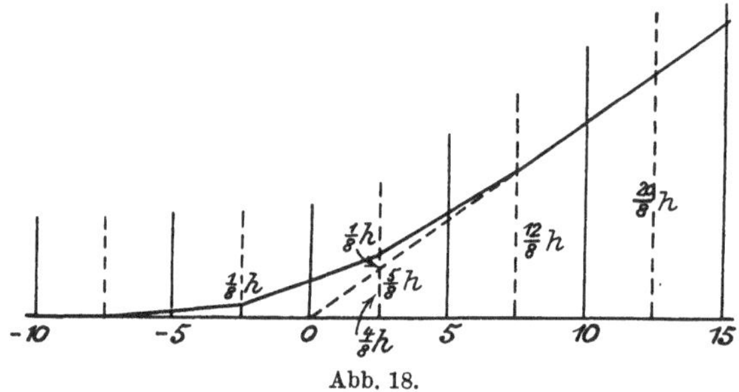

Abb. 18.

20. Die Berechnung des Zentriwinkels.

In Abschn. 14 war der bis zu einem beliebigen Teilpunkt durchlaufene Zentriwinkel durch Teilevolventen im Bogenmaß zu 10 m Halbmesser ausgedrückt worden. Um das Verhältnis dieses Winkels zu den Pfeilhöhen zu erkennen, betrachte man nochmals die Abb. 10 in Abschn. 16, und zwar zunächst das voll ausgezogene Sehnennetz (Gruppe der Geraden). Das Maß für die Ablenkung der Sehne 0—2 von der Tangente (der Wagerechten 0—6) in 10 m Entfernung ist offenbar $2 h_0$; das entsprechende Maß für die weitere Ablenkung der Sehne 2—4 ist $2 h_2$ zwischen der Sekante 0—2 und dem Bogenpunkt 4 usw. Die Ablenkung dieser Sehnen von der Anfangstangente 0—6 ist die Summe der zurückliegenden Ablenkungen. Die Sehne 4—6 bildet z. B. mit der Wagerechten 0—6 den Winkel $2 h_0 + 2 h_2 + 2 h_4$.

Parallel zur Sehne 4—6 geht aber die Tangente an den Punkt 5, so daß der Winkel $2 \cdot (h_0 + h_2 + h_4)$ den Zentriwinkel zwischen dem Berührungshalbmesser des Kreises an die Anfangstangente 0—6 und dem Halbmesser zum Teilpunkt 5 gleich ist.

Ebenso erhält man aus den Pfeilhöhen der ungeraden Gruppe die

Zentriwinkel für die Teilpunkte der geraden, z. B. $2 \cdot (h_{-1} + h_1 + h_3 + h_5)$ für den Teilpunkt 6.

Das Mittel aus beiden Werten, nämlich $h_{-1} + h_0 + h_1 + h_2 + h_3 + h_4 + h_5$ stellt also den Zentriwinkel bis zur Mitte des Bogens 5—6 dar. An dieser Stelle ist der Wert nach Abb. 11 auch aufgetragen worden.

Aus der Anschauung der Abb. 10 folgt unmittelbar, daß es belanglos ist, ob der Bogenanfangspunkt mit einem Teilpunkt zusammenfällt. Aber auch für diese Betrachtung ist die Berichtigung des Anfangs der Randlinie in Abb. 11 erforderlich; denn bei 0 ist noch keine Ablenkung vorhanden. Im übrigen sind die Ordinaten als Winkelausdrücke unmittelbar richtig und bedürfen keines Abzuges.

Zur Nachprüfung diene Abb. 18 in Abschn. 19. Der Halbmesser sei 300 m, also die regelmäßige Pfeilhöhe des 20-m-Bogens $\frac{10^2}{600} = 0,1666 \ldots$ m. Dann muß die Ordinate bei dem Teilpunkt 15 groß sein: $3h = 500$ mm.

Der Zentriwinkel für 15 m Bogenlänge eines 300-m-Kreises ist

$$\alpha = \frac{360 \cdot 15}{2 \cdot 300 \cdot \pi} = \frac{9}{\pi} = 2^0,8648 = 10313''.$$

500 mm Bogenlänge in einem Kreise von 10 m Halbmesser entsprechen einem Winkel von $\frac{360 \cdot 0,5}{2 \cdot 10 \cdot \pi} = \frac{9}{\pi} = 10313''.$
Die Ergebnisse stimmen überein.

Um den durchlaufenen Zentriwinkel zu finden, hat man nur die in Metern ausgedrückte Pfeilhöhensumme bzw. Ordinate, mit $\frac{1}{10}\varrho$ zu multiplizieren, wenn ϱ den bekannten Wert $\frac{180}{\pi}$ bezeichnet.

III. Die Krümmungslinie.

21. Papier und Maßstab.

Man zeichnet auf Millimeterpapier. Rollenpapier verdient den Vorzug vor losen Bogen, da von diesen zur Bearbeitung langer Kurven oft mehrere mit großer Sorgfalt aneinander geklebt werden müssen, damit die Netzlinien scharf aneinander passen. Rollenpapier ist zudem billiger. Bei einiger Übung kann man dieselbe Stelle des Papiers zur Bearbeitung mehrerer Kurven benutzen, ohne Verwirrung besorgen zu müssen. Braun oder gelbbraun bedrucktes Papier strengt die Augen weniger an als blaues und grünes.

Das Maßstabverhältnis ist grundsätzlich gleichgültig; für die Längen ist immer der Maßstab 1:1000 zu empfehlen; eine Vergrößerung etwa auf 1:500 hat keinen Zweck, aber den Nachteil, daß dann die Punkte des Höhenbildes auf Netzlinien fallen, während sie bei dem Verhältnis 1:1000 zwischen Millimeterlinien liegen und deutlicher sichtbar sind.

In den Beispielen dieses Buches wird für die Längen nur
der Maßstab 1:1000 angewendet. Andere Maßstabangaben
beziehen sich stets auf die Ordinaten, auch wo das nicht besonders erwähnt ist.

Als Höhenmaßstab eignet sich das Verhältnis 1:10 für flache
Bogen von mehr als 1500 m Halbmesser und 1:20 für alle
schärferen Bogen. Für diese Verhältnisse ist der in Abschn. 6
besprochene Pfeilhöhenmesser eingerichtet. Die Ablesung in
Zentimetern und Doppelzentimetern ermöglicht die Auftragung des
Höhenbildes nach der Feldbuchspalte $\Sigma\,h$ ohne Umrechnung (1 cm =
10 mm; 1 dcm = 20 mm) im Verhältnis 1:10 oder 1:20; man braucht
die Summen nur als Millimeter aufzutragen.

Ausnahmsweise kommt noch der Maßstab 1:40 zur Anwendung,
aber nur bei Absteckung stark veränderter Gleislagen, nicht bei einfacher Fehlerausgleichung.

22. Die Messungsprobe.

In dem Feldbuch in Abschn. 8 sind die Werte h in Doppelzentimetern
(dcm) angegeben; daraus ist die Summenreihe in Spalte 3 abgeleitet
gemäß der Aufstellung (10) in Abschn. 17. Der Bogen ist von km 27,4 + 40
bis km 27,5 + 15 rund 75 m lang. Die Pfeilhöhensumme ist 26,90;
die Randlinie des Höhenbildes wird also auf 7,5 cm Länge rund 2,7 cm
fallen. Durch solchen Überschlag erkennt man, welche Größe des Pa-

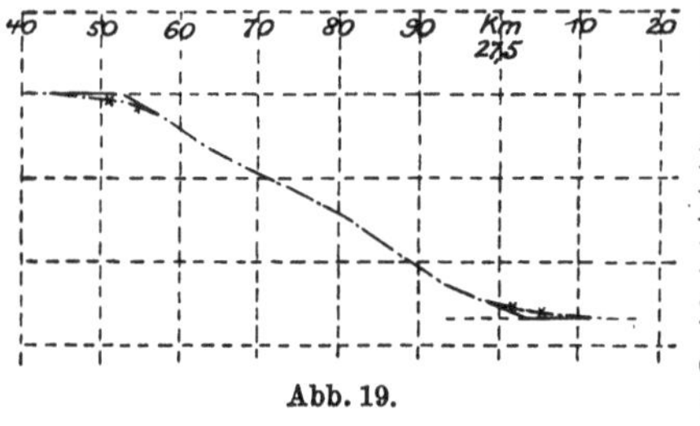

Abb. 19.

piers man braucht, wenn man
kein Rollenpapier benutzt.

Abb. 19 stellt das Höhenbild
im Maßstab 1:20 dar. Bei
km 27,4 + 40 war die Pfeilhöhe
Null beobachtet worden, bei km
27,5 + 15 trat wieder Null auf;
die Schlußtangente war erreicht.
Damit war der ganze Zentri-
winkel durchlaufen. Man kann ihn nach Abschn. 20 ausrechnen wie folgt:

$$[h]^1) = 26{,}9 \text{ dcm} = 53{,}8 \text{ cm} = 0{,}538 \text{ m}; \text{ demnach}$$
$$\alpha = 0{,}0538\,\varrho = 11\,097'' = 3^0\ 04'\ 57''\,.$$

Dieser Winkel ändert sich nicht, wenn man vor den Anfang und hinter
das Ende der durchmessenen Bogenstrecke beliebig oft die Pfeilhöhe Null
hinzufügt; das drückt sich in der Zeichnung dadurch aus, daß die
Randlinie an beiden Enden in die Wagerechte übergeht; der
Abstand dieser Wagerechten drückt den Drehungswinkel
aus; die Wagerechten selbst sind Sinnbilder der Tangenten.

---

[1]) Siehe Fußnote auf S. 9.

Nach Abschn. 20 läßt sich der Zentriwinkel aus den Gruppen der Geraden und Ungeraden getrennt ermitteln. Das gilt aber nur für den fehlerlosen Kreis; denn aus den Pfeilhöhen der Geraden wurde der Zentriwinkel für den Punkt 5 der Ungeraden abgeleitet unter der Voraussetzung, daß die Sehne 4—6 mit der Tangente an 5 parallel sei. Diese Voraussetzung trifft für einen fehlerhaften Bogen nicht zu. Wenn man aber den ganzen Zentriwinkel von der Anfangs- bis zur Schlußtangente durchläuft, so fällt dieses Bedenken fort; denn die äußersten Sehnen beider Gruppen fallen mit den Tangenten zusammen. Der ganze Winkel läßt sich durch die Pfeilhöhen beider Gruppen je für sich genau ausdrücken. Daraus ergibt sich eine sehr wertvolle Messungsprobe: Die Summen der Pfeilhöhen aus den getrennten Gruppen müssen übereinstimmen.

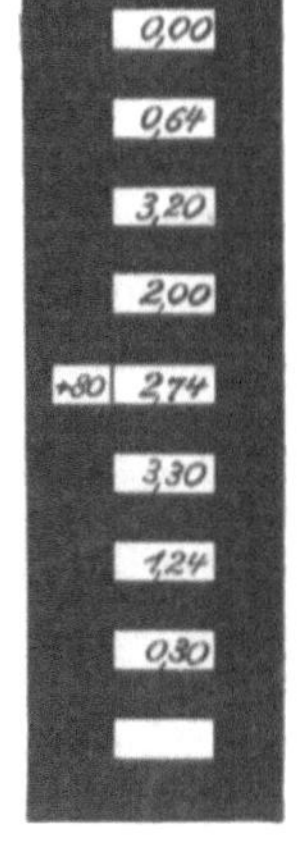

Abb. 20.

Fortan möge $[h_{10}]$ die Summe der Pfeilhöhen aus der „Zehnergruppe" bezeichnen, $[h_5]$ diejenige aus der „Fünfergruppe".

Die Spalte 2 — (h) — des Feldbuchs muß zum Schutz gegen Additionsfehler ohnehin addiert werden. Man kann ohne Mehrmühe die Probe $[h_{10}] = [h_5]$ anstellen, wenn man aus einem Feldbuchvordruck eine dauernd aufzubewahrende und daher mit stärkerem Papier zu unterklebende Blende nach Art der Abb. 20 ausschneidet, in deren Schaulöchern nur die Werte je einer Gruppe sichtbar sind. Addiert man mit Hilfe dieser Blende die Gruppen je für sich, so muß die Summe beider Summen mit dem Seitenabschluß in Spalte 3 genau übereinstimmen; man kann dann die geschlossene Addition der Spalte 2 ersparen.

Bei Übertragung der Seitenabschlüsse achte man darauf, daß die Gruppen nicht verwechselt werden. Die Verlängerung eines Blendenausschnitts, in der die Stationierung sichtbar wird, schützt vor Irrtümern.

23. Sicherung der Messung.

Nimmt man den mittleren Fehler einer Pfeilhöhenablesung zu 0,5 mm an, und läßt man, wie üblich, den dreifachen mittleren Fehler als erlaubte Abweichung gelten, so darf nach den allgemeinen Sätzen der Wahrscheinlichkeitsrechnung der Abschlußfehler $[h_{10}] — [h_5]$ in Millimetern $\frac{3}{2}\sqrt{n}$ betragen, unter n die Anzahl der Pfeilhöhen verstanden. Auf 100 m kommen 20 Pfeilhöhen. Der Abschlußfehler darf betragen für 100 m Länge 6,7 mm, für 500 m Länge 15 mm, für 1000 m Länge 21 mm usw.

Die Messungsprobe bietet keinen Schutz gegen selbst grobe Fehler, die sich zufällig aufheben, weil zwei gleichartige in jeder Gruppe unterlaufen sein können. Dazu ist zu bemerken, daß die Randlinie des Höhenbildes bei Anwendung der empfohlenen Maßstabverhältnisse ein außerordentlich empfindliches Gebilde ist, in dem sich grobe Fehler, etwa Doppelzentimeterfehler, sofort verraten (vgl. Abschn. 24). Eine doppelte Messung lohnt sich im allgemeinen nicht. Ein störender Fehler wird sich bei der nach der Absteckung vorzunehmenden Kontrollmessung zeigen, erfodert dann allerdings eine nochmalige Bearbeitung des Bogens oder eines Teiles davon. Der Fall wird so selten vorkommen, daß man ihn für die Ersparung der zweiten Aufnahme in Kauf nehmen wird.

24. Form der Krümmungslinie.

Die Randlinie des Höhenbildes in Abb. 11 ist — abgesehen von dem Anlauf — gerade, weil am fehlerlosen Kreis alle Pfeilhöhen gleich sind. Die Randlinie in Abb. 19 ist gebrochen, weil der Bogen fehlerhaft, also die Pfeilhöhen ungleich sind. Der Höhenunterschied zwischen je zwei Brechpunkten ist $\frac{(\varDelta s)^2}{2\,r}$. Weil r im Nenner steht, wird die Randlinie um so steiler oder flacher, je kleiner oder größer der Halbmesser ist; sie drückt also an jeder Stelle das Krümmungsverhältnis aus. Sie heißt deshalb „Krümmungslinie"; ihr mathematischer Ausdruck würde lauten $y = \frac{\varDelta s}{r} = \frac{10}{r}$; denn auf die Länge $\frac{1}{2}\,\varDelta s = 5$ m entfällt eine Steigung von $\frac{10}{r}$.

Wie man den Halbmesser an jeder Stelle ablesen kann, wird in Abschn. 40 gezeigt werden.

Die K-Linie, um sie fortan kurz zu bezeichnen, wird mit der Picknadel, zweckmäßig nach Diktat, aufgetragen. Man braucht sie nicht etwa besonders zart auszuziehen; aber man bedecke die Nadelstiche nicht mit Tusche.

Sie muß in sanften Wellen verlaufen; jede Störung dieser Form läßt einen Auftrage = oder Messungsfehler vermuten. Die Art der Messung an verhältnismäßig langen Sehnen bringt es mit sich, daß schon im Feldbuch ein Auf- und Abwogen der Zahlenwerte in Erscheinung tritt. Daher genügt schon geringe Aufmerksamkeit, um grobe Irrtümer bei der Messung zu verhüten. Wenn ein Einzelwert auffallend von den Nachbarwerten abweicht, dann muß auch die Gleislage an dieser Stelle empfindlich gestört sein, was sich durch Nachmessung der benachbarten Werte sofort feststellen läßt. Man wird solche Wahrnehmungen im Feldbuch anmerken (etwa durch Anhaken der nachgeprüften Pfeilhöhen) und dann natürlich auch eine Störung im Verlauf der K-Linie als berechtigt anerkennen.

25. Richtung der Ordinaten.

Die Ordinaten der K-Linie sind nach derjenigen Seite der Auftrag-
linie (Anfangstangente) aufzutragen, auf der der Mittelpunkt des Kreises
liegt (Begründung in Abschn. 42). Die K-Linie für einen Linksbogen
steigt von links unten nach rechts oben (Abb. 11), diejenige für einen
Rechtsbogen fällt von links oben nach rechts unten (Abb. 19). Die
Verwechslung erzeugt ein Spiegelbild. Ein rechtzeitig als irrig erkanntes
Bild braucht man indessen nicht neu aufzutragen, muß aber seinen
Spiegelbildcharakter bei der Absteckung berücksichtigen.

26. Die Berichtigung der Bogenenden.

In Abb. 19 sind die kleinen Berichtigungen nach Abschn. 19 anzu-
bringen. Der Aufbaufehler kann sich nur auf eine Länge von höchstens
20 m (= 2 cm der Zeichnung) erstrecken. Bei km 27,4 + 40 war die
Pfeilhöhe Null, also ist das Gleis bis mindestens km 27,4 + 50 gerade,
vielleicht noch etwas darüber hinaus. Man wird von einem Punkt der
Wagerechten zwischen 27,4 + 50 und 27,4 + 55 je nach Gestalt und
Lage der K-Linie — an diese eine Tangente ziehen, deren Schattenlänge
nicht mehr als 1 cm betragen darf. Ebenso verfährt man am Bogenende.
Die Berichtigung ist sozusagen Gefühlssache. Man kann sich nur um
einen kleinen Bruchteil eines Millimeters irren, und ein ganzes Millimeter
ist erst 2 cm der Wirklichkeit. Das Verfahren soll nicht zu einer praktisch wertlosen Haarspalterei führen.

27. Ausrundungen von mehr als 2 cm Länge.

Die K-Linie der meisten Bogen wird an den Enden Ausrundungen
von weit mehr als 2 cm Länge aufweisen. Die Ursache davon ist das
Vorhandensein eines Übergangsbogens im Gleis. Es ist nicht be-
absichtigt, wäre vielmehr falsch, die als Parabel erscheinende K-Linie
des Übergangsbogens im Wege der Berichtigung auszumerzen. Die
Tangenten auf insgesamt 2 cm Länge werden sich dann der K-Linie
so eng anschmiegen, daß man von selbst die Berichtigung wegen ihrer
Belanglosigkeit unterlassen wird.

Da die Beispiele aus der Wirklichkeit fast stets Übergangsbogen,
wenn auch verstümmelte, aufweisen, da es ferner ungemein schwierig ist,
ein Beispiel zu fingieren (wegen der Abhängigkeit der Pfeilhöhengruppen
voneinander), so erscheint es ratsam, vor der weiteren Darstellung, was
mit der K-Linie zu geschehen hat, die K-Linie des Übergangsbogens zu
untersuchen.

IV. Übergangsbogen.

28. Die Gleichung der Parabel dritten Grades.

Die Herleitung der Gleichung für den Übergangsbogen ist in zahlreichen Taschenbüchern für die Absteckung von Kurven nachzulesen und wird als bekannt vorausgesetzt.

Die Gleichung lautet:

$$y = m \cdot x^3 . \tag{17}$$

Die Wahl der beharrlichen Größe $m \left(= \dfrac{1}{6P} \text{ in den Taschenbüchern} \right)$ gestattet großen Spielraum, weil schwere und leichte, schnell und langsam fahrende Züge auf denselben Gleisen verkehren. Meist benutzt man die Nördlingsche Formel: $m = \dfrac{1}{72\,000}$ für Bogen unter 600 m Halbmesser und $m = \dfrac{1}{120 \cdot r}$ für flachere Bogen. Nach den preußischen Oberbauvorschriften, die feste Längenstufen eingeführt haben, schwanken die Werte für m zwischen $\dfrac{1}{144\,000}$ und $\dfrac{1}{720\,000}$ für Hauptbahnen und zwischen $\dfrac{1}{72\,000}$ und $\dfrac{1}{240\,000}$ für Nebenbahnen. Auf das Verfahren haben diese Anordnungen keinen Einfluß; man wird mit den vorgeschriebenen Längen zu arbeiten haben, sofern nicht örtliche Hindernisse Abweichungen erfordern.

29. Die Krümmungslinie des Übergangsbogens.

Die kubische Parabel, die als Übergangsbogen zwischen die Gerade und den Kreisbogen eingeschaltet wird, ist so flach, daß ihre Pfeilhöhen mit den Abständen von der Tangente fast gerade Linien bilden, und ihre Länge gleich der Tangente gesetzt werden kann. Das läßt sich maßstäblich nicht darstellen. Abb. 21 ist sehr stark verzerrt; die Teilung auf der Tangente verjüngt sich infolgedessen. In Wirklichkeit ist z. B. der Tangentenabschnitt 5—6 gleich 0—1. Die Pfeilhöhen lassen

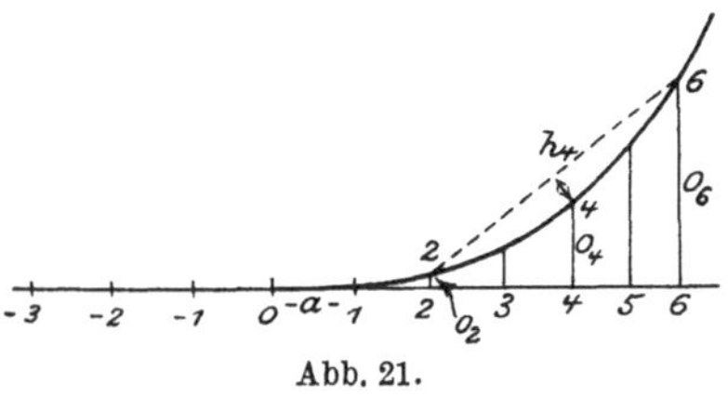

Abb. 21.

sich ausdrücken als Differenzen zwischen dem Mittelwert aus den Ordinaten der Sehnenendpunkte und der Ordinate des Teilpunktes, z. B.

$$h_4 = \frac{0_2 + 0_6}{2} - 0_4 .$$

Die Ordinaten sind aber gemäß Gleichung (17) in Abschn. 28 dritte Potenzen der Längen, multipliziert mit einem Festwert m, der im Grunde nichts anderes als den Höhenmaßstab ausdrückt. Der Teilpunktabstand möge anstatt $\frac{1}{2}\varDelta s$ der Einfachheit des Druckes halber mit a bezeichnet werden. Die Ordinaten haben dann die Werte:

$$0_1 = m \cdot a^3, \; 0_2 = m \cdot (2a)^3 = 8\,m \cdot a^3, \; 0_3 = m \cdot (3a)^3 = 27\,ma^3 \;\text{usw.}$$

Aus diesen Werten ergeben sich die Pfeilhöhen nach folgender Zusammenstellung:

Tlp. n	0_n	$\frac{1}{2}\left(0_{n-2}+0_{n+2}\right)$	h_m	$\varSigma\,h$	
— 2	0	0	0	0	
— 1	0	$\frac{1}{2}\,ma^3$	$\frac{1}{2}\,ma^3$	$\frac{1}{2}\,ma^3$	
0	0	$\frac{8}{2}\,ma^3$	$\frac{8}{2}\,ma^3$	$\frac{9}{2}\,ma^3$	
1	ma^3	$\frac{27}{2}\,ma^3$	$\frac{25}{2}\,ma^3$	$\frac{34}{2}\,ma^3$	(18)
2	$8ma^3$	$\frac{64}{2}\,ma^3$	$\frac{48}{2}\,ma^3$	$\frac{82}{2}\,ma^3$	
3	$27ma^3$	$\frac{126}{2}\,ma^3$	$\frac{72}{2}\,ma^3$	$\frac{154}{2}\,ma^3$	
4	$64ma^3$	$\frac{224}{2}\,ma^3$	$\frac{96}{2}\,ma^3$	$\frac{250}{2}\,ma^3$	
5	$125ma^3$	$\frac{370}{2}\,ma^3$	$\frac{120}{2}\,ma^3$	$\frac{370}{2}\,ma^3$	
6	$216ma^3$				
7	$343ma^3$				

Die Ableitung der Differenzen der Zähler in Spalte $\varSigma\,h$ führt zu folgenden Reihen:

Stammreihe:	1	9	34	82	154	250	370
1. Differenzenreihe:		8	25	48	72	96	120
2. Differenzenreihe:			17	23	24	24	24

(19)

Die zweite Differenzenreihe wird beharrlich bis auf die Anfangsglieder. Der Anfang ist gestört, weil die Pfeilhöhen bei — 1, 0 und 1 keine reinen Bogenpfeilhöhen sind. Diese Störung ist ganz unbedenklich. Nimmt man den Wert m nur nach der Nördlingschen Formel mit $\frac{1}{72\,000}$ an, so wird die Pfeilhöhe bei — 1 unmeßbar klein, nämlich

$$h_{-1} = \frac{1}{2} \cdot \frac{1}{72\,000} \cdot 5^3 = 0{,}0008\ \text{m} = \tfrac{4}{5}\ \text{mm}.$$

Die zweite Pfeilhöhe, die beiläufig 7 mm groß würde, paßt schon fast in die Reihe. Vereinigt man sie mit der ersten zu $\frac{10}{2}\,ma^3$, so verwandelt sich die 25 in der ersten Differenzenreihe in eine 24 und die 23 in der zweiten Reihe auch in 24. Man wird also kein Bedenken tragen, die Stammreihe für eine Reihe zweiter Ordnung zu erklären; ihre bildliche Darstellung liefert eine Parabel zweiten Grades.

30. Die Eigenschaften der Parabel zweiten Grades.

Die quadratische Parabel — als Kegelschnitt — ist die Bahn eines Punktes, der von einem festen (Brenn-) Punkt und einer festen (Leit-) Linie gleichen Abstand hat. In Abb. 22 muß stets $PO = PD$ sein. Ein Punkt der Bahn liegt in der Mitte des Lotes OA vom Brennpunkt O auf die Direktrix. Diesen Abstand pflegt man mit p (Parameter) zu bezeichnen. Für jeden Punkt P gilt die Gleichung:

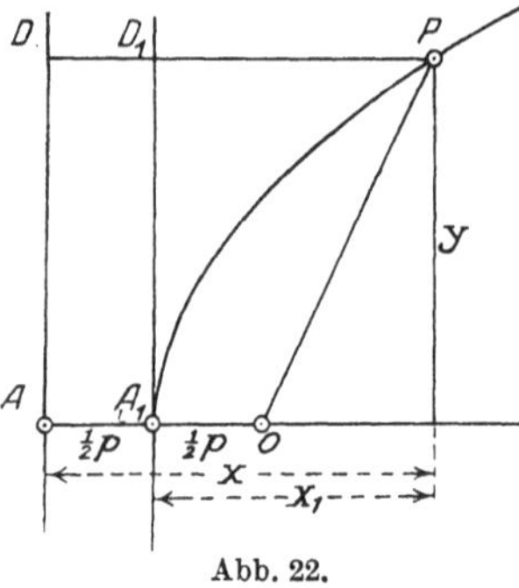

Abb. 22.

$$x = \sqrt{y^2 + (x - p)^2}, \text{ aus der folgt} \qquad (20)$$

$$x^2 = y^2 + x^2 - 2\,p\,x + p^2 \qquad (21)$$

und daher

$$y^2 = 2\,px - p^2 \qquad (22)$$

Bezieht man x (als x_1) auf die Scheiteltangente $A'D'$, so lauten die entsprechenden Gleichungen:

$$x_1 + \tfrac{1}{2}\,p = \sqrt{y^2 + (x_1 - \tfrac{1}{2}\,p)^2} \qquad (23)$$

$$x_1^2 + px_1 + \tfrac{1}{4}\,p^2 = y^2 + x_1^2 - px_1 + \tfrac{1}{4}\,p^2 \qquad (24)$$

$$y^2 = 2\,px_1 . \qquad (25)$$

Dies ist die Scheitelgleichung der Parabel.

Vertauscht man die Koordinatenachsen, betrachtet man also die Scheiteltangente als $x =$ Achse und das Lot durch den Brennpunkt als $y =$ Achse, so nimmt Gleichung (25) die Form an:

$$x^2 = 2\,py \text{ oder} \qquad (26)$$

$$y = \frac{1}{2\,p} \cdot x^2, \text{ worin } \frac{1}{2\,p} \qquad (27)$$

einen Festwert bedeutet, der dem m in der Gleichung (17) $y = mx^3$ für die kubische Parabel entspricht; die Ordinate erscheint hiernach als Produkt aus einem Festwert und dem Quadrat der Abszisse, wobei jener wiederum als Höhenmaßstab aufgefaßt werden kann.

Zieht man durch zwei Parabelpunkte P_1 und P_2 mit den Koordinaten x_1, y_1 und x_2, y_2 eine Sekante, die mit

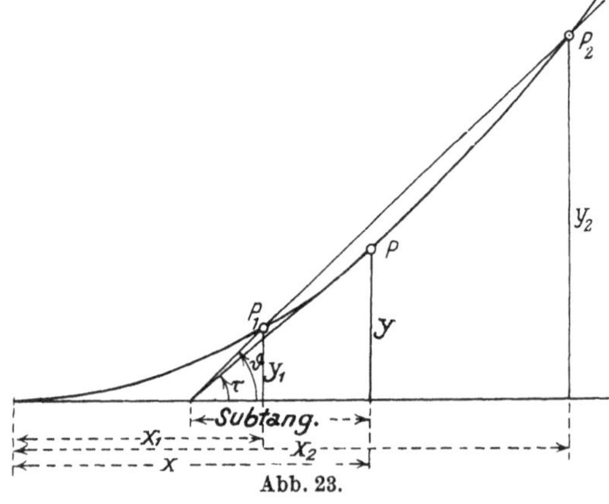

Abb. 23.

der Scheiteltangente den Winkel ϑ bildet, so ist nach Abb. 23:

$$\operatorname{tg} \vartheta = \frac{y_2 - y_1}{x_2 - x_1}; \text{ da aber } y_2 = qx_2^2 \text{ und } y_1 = qx_1^2 \text{ ist,} \qquad (28)$$

wenn man den Festwert der Kürze halber q nennt, so ist:

$$\operatorname{tg}\vartheta = q \cdot \frac{x_2^2 - x_1^2}{x_2 - x_1} = q\,(x_2 + x_1)\,. \tag{29}$$

Dreht man die Sekante rechtläufig um ihren Schnitt mit der Scheiteltangente, so kommen sich die Punkte P_1 und P_2 immer näher, bis sie endlich in einem Punkt P mit den Koordinaten x und y zusammenfallen, und die Sekante zur Tangente wird. In diesem Augenblick wird $x_1 = x_2 = x$ und $y_1 = y_2 = y$. Aus Gleichung (29) entsteht:

$$\operatorname{tg}\tau = 2\,qx \tag{30}$$

Die Subtangente ist also:

$$\text{subtg.} = \frac{y}{2\,qx} = \frac{qx^2}{2\,qx} = \tfrac{1}{2}\,x\,. \tag{31}$$

Schneller führt die Differenzialrechnung zu demselben Ziel:

$$\operatorname{tg}\tau = \frac{dy}{dx} = 2\,qx \text{ usw.} \tag{32}$$

Jede Tangente der quadratischen Parabel halbiert den Abstand des Parabelscheitels von dem Lot ihres Berührungspunktes auf die Scheiteltangente.

Zeichnet man nach Abb. 24 die Tangente für den Parabelpunkt bei der Abszisse $\tfrac{1}{2}\,x$, so halbiert diese wiederum die Abszisse bei $\tfrac{1}{4}\,x$. Da aber die Ordinate bei $\tfrac{1}{2}\,x$ gleich $\tfrac{1}{4}$ der Ordinate bei x sein muß — denn die Ordinaten verhalten sich wie die Quadrate der Längen —, und da ferner die Ordinate der Sehnenmitte die Hälfte der Ordinate bei x ist, so wird der Abstand der Sehnenmitte zur Scheitel-

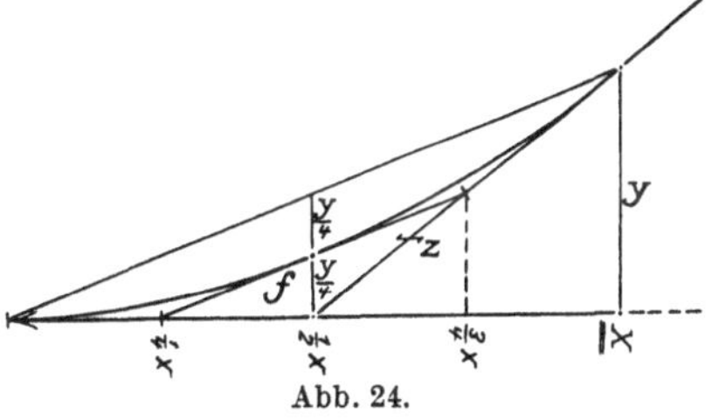

tangente von der Parabel halbiert, und die bei $\tfrac{1}{4}\,x$ beginnende Tangente ist parallel mit der Sehne, halbiert also die bei $\tfrac{1}{2}\,x$ beginnende Tangente.

Den Inhalt des Parabelabschnittes, der später gebraucht wird, erhält man durch Integration. Der Inhalt der Fläche z zwischen x, y und dem Parabelbogen ändert sich um dz, wenn x sich um dx ändert. Jene Änderung beträgt aber $y \cdot dx$. Daher

$$dz = y \cdot dx \tag{33}$$

$$z = \int y \cdot dx = \int qx^2 \cdot dx = \tfrac{1}{3}qx^3 = \tfrac{1}{3}qx^2 \cdot x = \tfrac{1}{3}x \cdot y\,. \tag{34}$$

Die Fläche zwischen dem Parabelbogen und den einhüllenden Tangenten ist

$$f = \tfrac{1}{3} xy - \frac{1}{2} \cdot \frac{x}{2} \cdot y = \tfrac{1}{12} xy \quad \text{oder} = \tfrac{1}{3} x \cdot \tfrac{1}{4} y, \tag{35}$$

worin $\tfrac{1}{4} y$ die Stichhöhe des Parabelbogens ist (vgl. Abschn. 59).

31. Zeichnung der Parabel zweiten Grades.

Wählt man auf der Scheiteltangente einen beliebigen Punkt in der Entfernung a vom Berührungspunkt und in der gleichen Entfernung a vom Schnittpunkt der Schlußtangente einen Punkt auf dieser Tangente (a in der Schattenlänge gemessen), so ist die Verbindung beider Punkte eine Parabeltangente. Nach Abb. 25 ist:

$$b : a = qx^2 : \frac{x}{2} \quad \text{daher} \tag{36}$$

$$b = 2\,aqx. \quad \text{Da aber} \tag{37}$$

$$c : a = b : \frac{x}{2}, \tag{38}$$

ist die Ordinate des Punktes dieser Verbindungslinie in $2\,a$ Entfernung vom Anfangspunkt:

$$c = 2\,ab \cdot \frac{1}{x} = 4\,a^2 q = (2\,a)^2 \cdot q. \tag{39}$$

Folglich ist c ein Parabelpunkt, denn seine Ordinate ist das Quadrat der Abszisse mal dem Faktor q.

Auf dieser Erkenntnis beruht folgende Zeichnungsweise:

Beziffert man die in gleichen Abständen angeordneten Teilpunkte der Haupttangenten, wie in Abb. 26 angegeben, von links nach rechts je für sich, so ist jede Verbindung gleichnamiger Punkte eine Parabeltangente. Der Berührungspunkt der Tangente $1 - 1$ liegt auf der Ordinate, des Punktes 2, derjenige der Tangente $2 - 2$ auf der Ordinate von 4 usw. Nun ist aber $y_4 = 4\,y_2$, folglich ist die Ordinate des Punktes bei 3 (kein Parabelpunkt!) gleich $2\,y_2$, weil er auf der Tangente $2 - 2$ liegt. Weil aber die Ordinate gleich $2\,y_2$ ist, muß er auch auf der Tangente $1 - 1$ liegen. Folglich schneiden sich die benachbarten Zwischentangenten jedesmal auf der mittleren Ordinate zwischen zwei Parabel-

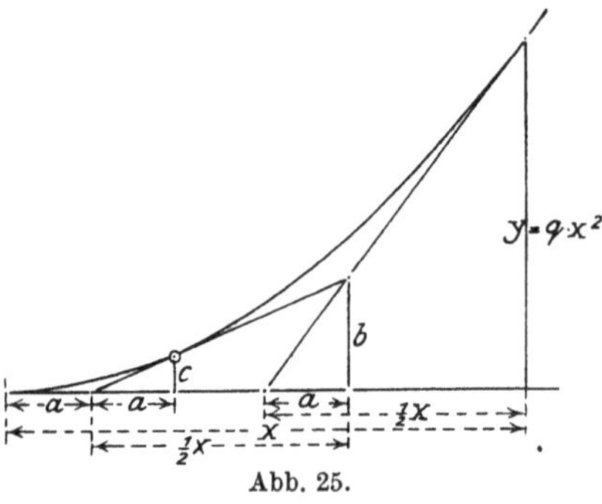

Abb. 25.

punkten. Man braucht daher nicht alle Zwischentangenten auszuziehen, sondern man zielt von 1 links nach 1 rechts und zieht
einen Strich durch zwei Teilungsfelder. Von dem so gewonnenen
Schnitt der Tangenten 1 — 1 und 2 — 2 zielt man auf den Teilpunkt 2 rechts und zieht
wieder einen Strich durch
zwei Teilungsfelder, also bis
zur Ordinatenlinie des Punktes 5 links usw. Auf Millimeterpapier ist diese Art der
Zeichnung höchst einfach,
da genug Ordinatenlinien in
gleichen Abständen vorge-
zeichnet sind. Bei einiger
Übung erspart man die Be-

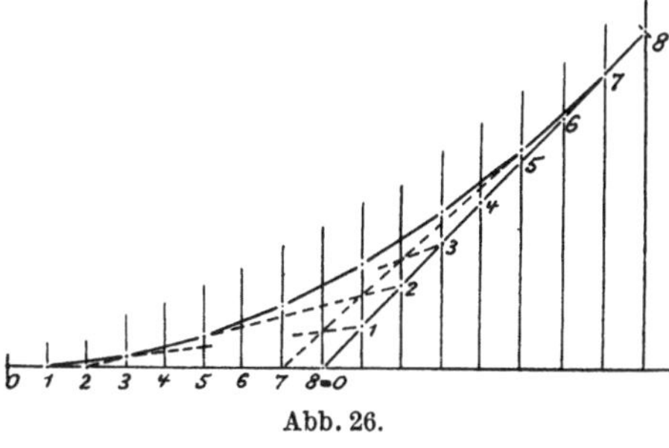

Abb. 26.

zifferung. Zu beachten ist, daß die Endglieder (0—1 links und 7—8
rechts) auf den Haupttangenten selbst liegen und nur die halbe
Länge haben.

Wählt man die Teilung so eng, daß zwischen den Tangenten-
abschnitten keine merklichen Knicke entstehen, so kann der Tan-
gentenzug als Ersatz der Parabel angesehen werden. Beide
Haupttangenten können schräg im Netz des Millimeterpapiers liegen,
ohne daß sich die dargestellten Beziehungen ändern. Die schrägen Tangenten 1 — 1 und 7 — 7 schließen z. B. einen vollkommenen Parabelbogen ein, der aber nur von der Ordinate 2 links bis zur Ordinate 6
rechts reicht.

V. Entwurf und Summenlinie.

(Hierzu Tafel I.)

32. Der Augenmaßentwurf.

Die gebrochene Linie AB auf Tafel I ist die im Maßstab 1 : 10 aufgetragene K-Linie eines Rechtsbogens. Sie ist gemäß Abschn. 26 an
den Enden berichtigt. Bei A ist offensichtlich kein Übergangsbogen
vorhanden, bei B nur ein stark verkümmerter. Von dem Einbau von
Übergangsbogen gelegentlich der Berichtigung der Gleislage soll abgesehen werden. Es soll nur der vorhandene Bogen mit ungleichen
Pfeilhöhen durch einen solchen mit gleichen Pfeilhöhen ersetzt werden.
Die K-Linie des berichtigten Bogens soll eine gerade Linie werden.

Man zeichnet vorerst eine gerade Linie nach Augenmaß ein; sie ist
fein gestrichelt. Sie soll sich möglichst mit dem Verlauf der K-Linie
decken; man wird sie so legen, daß sie annähernd den Flächenausgleich
herstellt, daß also die arithmetische Flächensumme für die zwischen

Entwurf und K-Linie eingeschlossene Fläche dem Wert Null möglichst nahekommt. Die Entwurfsteigung endet auf der Wagerechten durch B, denn der Zentriwinkel darf nicht verändert werden. (Vgl. Abschn. 20 und 22.) Man wird den Flächenausgleich leicht viel besser treffen können, als in der Zeichnung geschehen ist. Aber dieses Beispiel soll kein Musterbeispiel sein, das zur Nachahmung empfohlen werden könnte. Das Augenmaß ist absichtlich sehr schlecht, um den leitenden Gedanken an groben Formen klar darstellen zu können.

Nach Abschn. 18 drückt die Fläche zwischen der Wagerechten durch A, der K-Linie und einer beliebigen Ordinatenlinie, etwa der bei km 91,1, die doppelte Evolvente des Bogenpunktes (bei km 91,1) aus; d. h. wenn man sich diese Fläche aufgelöst denkt in einen $\frac{1}{2}$ cm breiten Streifen, so stellt die Länge dieses Streifens die doppelte Evolvente im Maßstab 1 : 10 dar. Ebenso drückt die Fläche zwischen der Wagerechten durch A, der Entwurfsteigung und der nämlichen Ordinatenlinie die doppelte Evolvente des berichtigten Bogens aus, vorausgesetzt, daß der Entwurf endgültig feststände.

Anstatt diese beiden Flächen, auf deren Unterschied es allein ankommt, in ganzer Größe als Flächenstreifen darzustellen, braucht man nur in je $\frac{1}{2}$ cm Entfernung die senkrechten Abstände beider Randlinien abzugreifen und zusammenzutragen, wobei die Teilflächen oberhalb des Entwurfs als positiv, diejenigen unterhalb als negativ zu betrachten sind. Das letzte Maß, das man bei km 91,1 in der Zirkelöffnung behält, ist alsdann der doppelte Evolventenfehler.

Da man aber nicht nur den Fehler an dieser einen Stelle, sondern alle Fehler im Verlauf des ganzen Bogens feststellen will, wird man die allmähliche Veränderung der verschränkten Fläche zwischen Entwurf und K-Linie verfolgen und die jeweils vorhandene Zirkelspannung aufbewahren. Das geschieht in folgender Weise:

33. Die Summenlinie.

Man wählt eine beliebige wagerechte Linie ab der Netzteilung als Auftraglinie, greift mit dem Zirkel den Abstand zwischen Entwurf und K-Linie in der Richtung der senkrechten Netzlinien in der Mitte des ersten senkrechten Halbzentimeterstreifens, in dem Entwurf und K-Linie eine Fläche einschließen, ab und trägt die erhaltene Zirkelspannung an die Linie ab als Ordinate an auf der Netzlinie, die jene Fläche rechts abschließt, also 2,5 mm vorwärts, und zwar nach oben, wenn die Fläche oberhalb des Entwurfs lag, nach unten, wenn sie unterhalb lag. Dann setzt man den Zirkel, ohne seine Spannung zu ändern, in der Mitte des folgenden Halbzentimeterfeldes der K-Linie an und greift die mittlere Höhe dieser Teilfläche dazu, so daß man die arithmetische Summe beider Mittelhöhen in die Zirkelöffnung bekommt, die man sodann als Ordinate zu ab in dem folgenden Teilpunkt ($\frac{1}{2}$ cm vom vorigen) anträgt usw. Es ist selbstverständlich, daß man bei der Zusammenfassung der Mittelhöhen den Zirkel so ansetzt, daß die neu hinzukommende Höhe, wenn sie addiert werden soll, außerhalb der Zirkelöffnung liegt, andernfalls innerhalb der Zirkelöffnung. Der Vorgang entspricht durchaus der Flächenmessung mit der Planimeterharfe. Ist die Zirkelspannung unbequem klein oder groß, so nehme man einige Zentimeter mehr oder weniger in den Zirkel und trage von der entsprechend verschoben gedachten Wagerechten, die man mit einer geschlängelten Bleistiftlinie kennzeichnen mag, auf.

Wenn der räumliche Abstand beider Bilder groß ist, so empfiehlt es sich, einen Papierstreifen oder ein Zeichendreieck seitlich nachzuschieben, um Irrtümer zu verhüten.

So entsteht die Summenlinie über ab. Sie wechselt ihr Streben nach oben oder unten (kulminiert), sooft man in der K-Linie von positiven zu negativen Flächen (oder umgekehrt) übergeht. Sie wird im allgemeinen ähnlich wie die K-Linie in sanften Wellen verlaufen. Ein grober Fehler macht sich als schärferer Knick sofort bemerkbar; daher ist ein zweimaliges Abgreifen zur Sicherung bei einiger Sorgfalt entbehrlich.

34. Die Parallelverschiebung des Entwurfs.

Der letzte Evolventenunterschied, also auch seine Verdoppelung, muß den Wert Null haben; denn der berichtigte Bogen muß in die Schlußtangente des fehlerhaften Bogens einmünden. Die Summenlinie (kurz S-Linie) muß demnach auf der Wagerechten ab enden. Das tut sie nicht, sie endet mit der Höhe $bc = v$. Der Entwurf ist fehlerhaft, wie zu erwarten war, da er nur nach Augenmaß eingetragen wurde. Der Schlußfehler v zeigt an, daß die verschränkte Fläche zwischen K-Linie und Entwurf nicht gleich Null ist. Der Entwurf muß demnach den Flächenausgleich herbeiführen; denn nur in diesem Falle kann die S-Linie mit der Höhe Null enden.

Der Flächenausgleich muß zu erreichen sein, wenn man den Augenmaßentwurf gleichlaufend so verschiebt, daß das senkrechte Verschiebungsmaß in den Schlußfehler v so oft aufgeht, als Teilungsfelder von $\frac{1}{2}$ cm Breite vorhanden waren.

Diese gleichlaufende Verschiebung darf und wird auch bei erträglichem Augenmaßentwurf nur gering sein; in diesem Schulbeispiel ist sie sehr groß. Sie wirkt auf die Flächensummen nur innerhalb ihrer Schattenlänge (Projektion); die außerhalb dieser Strecke liegenden Flächen zwischen K-Linie und Entwurf werden von der Parallelverschiebung nicht berührt. Man wird daher durch c die Wagerechte ziehen bis zum Lotpunkt des Entwurfsendes bei B; diesen Lotpunkt wird man mit dem Lotpunkt des Entwurfsanfanges bei A verbinden. Dann kann man das senkrechte Verschiebungsmaß m in $\frac{1}{2}$ cm Entfernung von a zwischen der Wagerechten ab und der Verbindungslinie abgreifen.

Verschiebt man den Entwurf um das senkrechte Maß m nach oben — weil v positiv ist, im entgegengesetzten Falle müßte man den Entwurf nach unten verschieben — und zeichnet die S-Linie unter Zugrundelegung der verbesserten Entwurfsteigung als Auftragslinie $a_1 b_1$ abermals, so wird diese S-Linie mit der Höhe Null enden; denn alle positiven Abgreifmaße sind um m kleiner, die negativen um m größer geworden; die Gesamtfläche ist also um m mal der Anzahl der Flächenstreifen von $\frac{1}{2}$ cm Breite, folglich um v kleiner geworden.

Ist die Verschiebung, wie vorausgesetzt werden muß, sehr gering, so werden die Brechpunkte der S-Linie zur Auftraglinie $a_1 b_1$ dieselbe Lage (in der Lotrichtung — darunter ist grundsätzlich die Richtung der Netzlinien zu verstehen, nicht etwa senkrechte Abstände vom Entwurf) haben wie die Punkte der zuerst gezeichneten S-Linie zu der schrägen Linie, aus deren Neigung das Maß m abgeleitet wurde. Folglich braucht man das Bild mit der Auftraglinie $a_1 b_1$ gar nicht erst zu zeichnen.

35. Drehung des verschobenen Entwurfs.

Verwertet man die Abstände der S-Linie von der Auftraglinie $a_1 b_1$ als Berichtigungsmaße für die Gleislage, so erhält man einen fehlerlosen Kreisbogen, aber man müßte fast den ganzen Bogen nach links verschieben, also in diesem Falle nach außen, weil die K-Linie einem Rechtsbogen angehört. Die Wagerechte $a_1 b_1$ stellt nämlich den glattgestreckten, fehlerlosen Bogen dar, und die S-Linie den fehlerhaften (vgl. Abb. 4 in Abschn. 10). Es liegt kein Grund vor, den verbesserten Entwurf für den bestmöglichen zu erklären; denn jede Steigungslinie, die durch den Mittelpunkt des verbesserten (strichpunktierten) Entwurfs geht, tut denselben Dienst. Durch eine Drehung um die Mitte entstehen zwei Scheiteldreiecke, die gleich sind, sich aber in der Wirkung auf die Gesamtfläche gegenseitig aufheben, weil das eine positiv und das andere negativ wirkt.

Die einseitige Verschiebung des Bogens kann zu unliebsamen Spannungen in den Oberbaustoffen führen. Man wird einen Entwurf vorziehen, der ebensoviel Verschiebung nach links als nach rechts erfordert und daher die Gleislänge unverändert läßt.

Um das Maß der auf diesen Erfolg abzielenden Drehung zu ermitteln, muß zunächst ihre Wirkung auf die S-Linie untersucht werden.

Durch Drehung der geraden Linie AB um ihren Mittelpunkt O in die Lage $A'B'$ entstehen zwei Scheiteldreiecke (Abb. 27). Durch die senkrechten Netzlinien werden von diesen lauter ähnliche Dreiecke abgeschnitten, deren Inhalte sich verhalten wie die Quadrate ihrer Höhen. Als Höhen sind die wagerechten Abstände der senkrechten Netzlinien von Drehpunkt O anzusehen. Zeichnet man von der gestrichelten Wagerechten $a'b'$ als Auftraglinie die S-Linie zu diesen Dreiecken von der Mitte O aus, so verhalten sich die Ordinaten der S-Linie — das sind die Maße, die die Inhalte der ähnlichen Dreiecke ausdrücken — wie die Quadrate der Längen von O aus — das sind die Höhen der Dreiecke. Die S-Linie wird also beiderseits eine quadratische Parabel. Man denke sich nun die S-Linie von links

nach rechts entstehen unter Zugrundelegung der Linie AB als Auftraglinie ab. Die erste Auftragung cc'' ist das Maß für den Inhalt des Paralleltrapezes $ACC'A'$. Dieser Inhalt ist die Differenz zwischen dem Dreieck OAA' und dem Dreieck OCC'. Die Inhalte dieser Dreiecke finden ihren Ausdruck in den Ordinaten aa' und cc' zu der Parallelen $a'b'$. In der Tat ist auch $cc'' = aa' - cc'$.

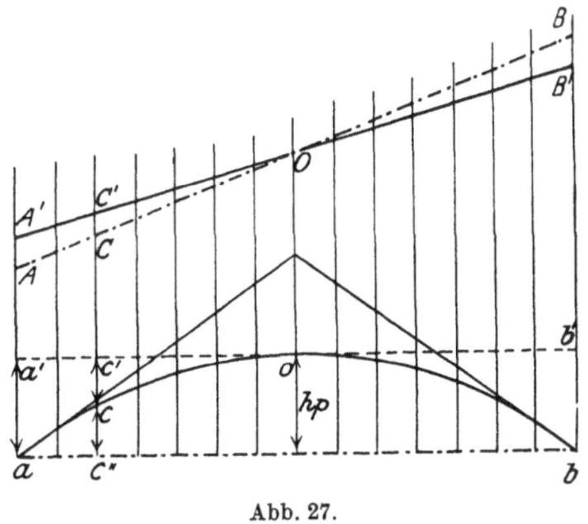

Abb. 27.

Die gleiche Betrachtung gilt für alle Ordinaten. Die Ordinaten zur Parabelsehne drücken demnach Trapezinhalte aus, bis die Trapezform durch das letzte kleine Dreieck vor O zur Dreieckform ergänzt wird; von da an fallen die Ordinaten mit derselben Geschwindigkeit, mit der sie vorher gestiegen sind. Die Ordinate bei o ist zur Pfeilhöhe der Parabel geworden.

Der Inhalt des Parabelabschnittes ist $\frac{2}{3}$ mal Länge mal Höhe. (Es sei daran erinnert, daß unter „Längen" stets die wagerechten Schattenlängen, unter „Höhen" stets die Senkrechten zu diesen zu verstehen sind.) Die Parabel, die man im Bilde der Summenlinie über oder unter der geraden $a_1 b_1$ (Tafel I) als Sehne zu erhalten wünscht, soll mit dieser denselben Inhalt einschließen wie die S-Linie. Diesen Inhalt kann man messen, entweder mit einem Planimeter oder ähnlichen Hilfsmitteln oder — und das wird das Nächstliegende sein — durch Abgreifen der Flächenstreifen mit dem Zirkel, zweckmäßig nur in zentimeterbreiten Streifen; eine größere Genauigkeit ist nicht erforderlich. Auf jeden Fall sind Länge, Höhe und Inhalt auf dieselbe Maßeinheit zu beziehen (cm und cm^2). Aus dem Inhalt f und der Länge l — (Schattenlänge der Entwurfsteigung in der K-Linie) — berechnet man $2\,h = \dfrac{3\,f}{l}$ und setzt dieses Maß in der Mitte der Länge l nach oben oder unten ab, je nachdem f positiv oder negativ ist. Man erhält den Punkt d als Schnittpunkt der Parabeltangenten und zeichnet nach Abschn. 31 die Parabel ein. In diesem Falle ist $f = -\,19{,}6\;\mathrm{cm}^2$, $l = 11{,}25\;\mathrm{cm}$, also $2\,h = \dfrac{-\,3\cdot19{,}6}{11{,}20} = -\,5{,}23\;\mathrm{cm}$.

Durch Rückschluß läßt sich jetzt ermitteln, um welches Maß die Entwurfsteigung in der K-Linie hätte gedreht werden müssen, um diese Parabel zu erzeugen. Die Parabelhöhe drückt ja den Inhalt des Dreiecks OAA' in Abb. 27 aus. Teilt man die doppelte Parabelhöhe — den doppelten Inhalt — durch die Höhe — das ist hier die halbe Länge —, so erhält man die Grundlinie AA'. Aber da die S-Linie durch Abgreifen der mittleren Höhen $\frac{1}{2}$ cm breiter Flächenstreifen entstanden ist, muß man sich die Parabel auf gleiche Weise entstanden denken. Die Längeneinheit ist also $\frac{1}{2}$ cm, man muß die doppelte Parabelhöhe 5,23 durch die verdoppelte halbe Länge, d. h. durch die ganze Länge 11,25 teilen und erhält $p = AA' = 0{,}465$ cm.

Anstatt dieses Maß zu berechnen, kann man es in $\frac{1}{2}$ cm Entfernung vom Parabelende (bei a_1 etwa) zwischen Sehne und Tangente abgreifen, denn dieses abgreifbare Maß p verhält sich zu $\frac{1}{2}$ cm wie $2\,h$ zu $\frac{1}{2}\,l$, ist demnach gleich $h : \frac{1}{2}\,l$.

Die Parabel hängt unter ihrer Sehne; wenn sie als S-Linie von verschränkten Dreiecken unter Zugrundelegung der strichpunktierten Entwurfsteigung der K-Linie als Auftraglinie hätte entstehen sollen, mußte das erste Dreieck links negativ, das zweite rechts positiv sein. Die Drehung mußte rückläufig sein. Daher hat man p am Anfang der Entwurfsteigung nach unten und am Ende nach oben abzusetzen, um in der vollausgezogenen Steigung den endgültigen Entwurf zu erhalten.

Trägt man unter Zugrundelegung dieser Steigung die S-Linie abermals auf, so entsteht das unterste Bild der Tafel I: die S-Linie endet auf der Auftraglinie, und die Flächen über dieser halten denen unter ihr das Gleichgewicht.

Man braucht dieses Bild nicht zu zeichnen; denn unter der Voraussetzung, daß weder die Parallelverschiebung noch die Drehung des Augenmaßentwurfs erheblich sind, haben die Punkte der S-Linie zu der Auftraglinie $a_2\,b_2$ dieselbe Lage wie in dem Bilde darüber zu der Parabel mit den anschließenden Wagerechten.

Man braucht ebensowenig das Bild $a_1\,b_1$ zu zeichnen; denn die Parabel läßt sich ebensogut unter die schräge Sehne im ersten S-Linienbild mit der Auftraglinie ab hängen, und schon diese Zeichnung liefert dann die gesuchten Berichtigungsmaße.

Die S-Linie $a_2 b_2$ vergleiche man mit Abb. 4. Die Ordinaten sind die doppelten Evolventenfehler im Maßstab $1:10$, also betrachtet man die Evolventenfehler als im Maßstab $1:5$ dargestellt. Die S-Linie hat den doppelten Maßstab der K-Linie.

36. Änderung der Bogenenden durch Parallelverschiebung des Entwurfs.

Der Drehpunkt des durch Parallelverschiebung berichtigten Augenmaßentwurfs läßt sich durch einfache Rechnung festlegen (siehe Abschn. 46), so daß es jener Verschiebung nicht mehr bedarf; aber das empfiehlt sich nur bei einfachen Bogen ohne oder mit gleich langen Übergangsbogen, nicht bei Korbbogen und sonstigen Bogen von bedingter Lage. Man kann die Parallelverschiebung nicht überall entbehren. Daher bleibt festzustellen, wie sie auf die Verlegung der Bogenendpunkte wirkt.

Das Maß m in $\frac{1}{2}$ cm Entfernung von a auf Tafel I läßt sich berechnen aus v und der Länge l, in diesem Beispiel wird $m = \dfrac{v}{2\,l} = \dfrac{6{,}35}{2 \cdot 11{,}25}$ $= 0{,}282$ cm $= 2{,}82$ mm.

Man kann es auch in beliebiger Vergrößerung in entsprechendem Abstand von a abgreifen, z. B. 10 fach bei 5 cm Entfernung, kann auch diesen vielfachen Wert in einem Endpunkt der K-Linie senkrecht antragen und erhält durch Parallelverschiebung der Steigung den ebenso vielfachen Wert für die Verlegung der Bogenendpunkte (im Längenmaßstab $1:1000$).

Genauer als diese zeichnerische Ermittlung ist folgende Rechnung:

Nach Abb. 28 ist

$$\frac{n}{m} = \frac{l}{H} \quad \text{oder} \tag{40}$$

$$n = m\frac{l}{H}, \quad \text{und da} \tag{41}$$

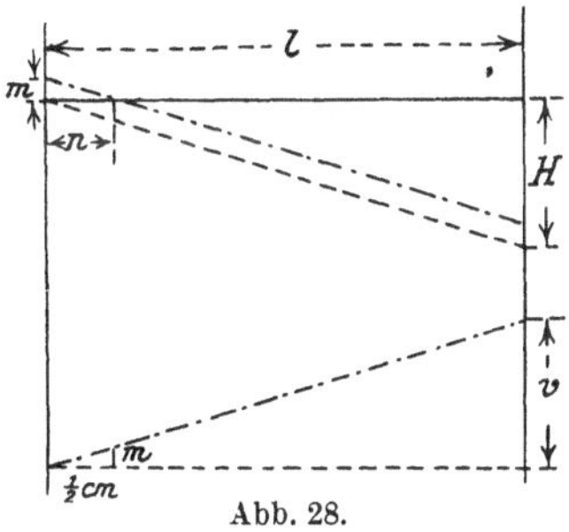

Abb. 28.

$$m = \frac{v}{2\,l}, \quad \text{(weil } l \text{ in } \tfrac{1}{2} \text{ cm auszudrücken ist)} \tag{42}$$

$$n = \frac{v}{2\,H}, \tag{43}$$

worin H die Endordinate der K-Linie bei B bezeichnet; diese ist $\frac{1}{10}$ der Pfeilhöhensumme des Feldbuches wegen des angewandten Höhenmaßstabes $1:10$. In diesem Beispiel ist $H = 11{,}44$ cm, also

3*

$n = 6,35 : 22,88 = 2,77$ mm oder 2,77 m der Wirklichkeit. Der Wert m braucht nicht ermittelt zu werden.

Die Bogenenden brauchen nicht auf Zentimeter genau bestimmt zu werden; denn sie werden nicht zur Berechnung eines Tangenten- oder Sehnenvielecks benutzt. Die zeichnerische Ermittlung genügt; denn bei steiler K-Linie, also kleinem Halbmesser, wird sie auf etwa 10 cm genau, und bei flacher Steigung, also großem Halbmesser, kommt es praktisch selbst auf ein Meter nicht mehr an. Die Bogenenden dienen nur dazu, die Überhöhungsrampe richtig anzuordnen. Wenn bei einem Bogen von etwa 2000 m Halbmesser mit einem Übergangsbogen von 40 m Länge die 1 : 1300 ansteigende Überhöhungsrampe 1 m früher ansetzte und endete, als sie sollte, so hätte die Überhöhung durchgehend einen Fehler von noch nicht 1 mm, was durchaus nicht von Belang wäre.

Übrigens kann man durch Wahl des Höhenmaßstabes die Steigung so steil machen, wie man will. Das Evolventenverfahren hat die Eigenheit und zugleich den Vorzug gegenüber anderen Verfahren, daß die damit mühelos erreichbare Genauigkeit stets dem Zweck und der erforderlichen Genauigkeit angepaßt ist.

37. Änderung der Bogenenden durch Drehung des Entwurfs.

Durch die Drehung des parallel verschobenen Entwurfs um seinen Mittelpunkt werden die Bogenenden in entgegengesetztem Sinne, d. h.

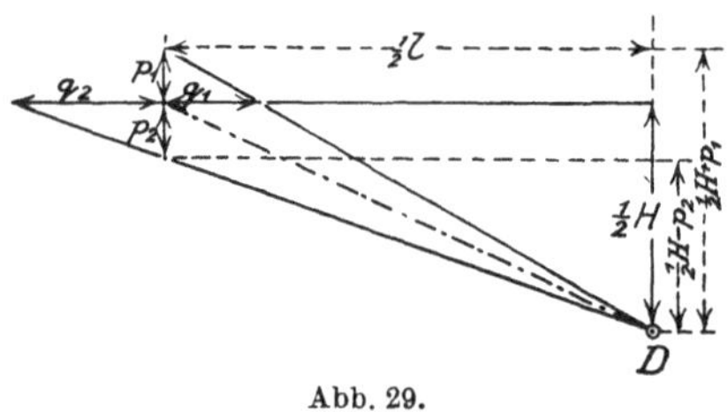

Abb. 29.

beide nach innen oder beide nach außen, um ein Maß q verlegt. Dieses Maß q läßt sich, wie bei B auf der Tafel I angedeutet, ebenfalls der Zeichnung entnehmen. Man kann es auch graphisch vergrößern, indem man das zweifache Maß p bei a_1 der S-Linie in 1 cm Entfernung von a_1 abgreift, bei A nach unten (oder bei B nach oben) anträgt und den so gewonnenen Punkt, anstatt mit dem Drehpunkt, mit dem anderen Endpunkt B (bzw. A) verbindet.

Man kann auch den Wert q genau berechnen. Nach Abb. 29 ist

$$\frac{\frac{1}{2}l}{\frac{1}{2}H + p_1} = \frac{\frac{1}{2}l - q_1}{\frac{1}{2}H} \tag{44}$$

$$l \cdot H = l \cdot H + 2lp_1 - 2q_1 H - 4p_1 q_1 \tag{45}$$

$$q_1 = \frac{lp_1}{H + 2p_1} \quad \text{und} \tag{46}$$

$$\frac{\frac{1}{2}l}{\frac{1}{2}H - p_2} = \frac{\frac{1}{2}l + q_2}{\frac{1}{2}H} \tag{47}$$

$$l \cdot H = l \cdot H - 2lp_2 + 2q_2 H - 4p_2 q_2 \qquad (48)$$

$$q_2 = \frac{lp_2}{H - 2p_2} \quad \text{oder allgemein} \qquad (49)$$

$$q = \frac{l \cdot p}{H \pm 2p}, \qquad (50)$$

worin das positive Vorzeichen für die rechtläufige, das negative für die rückläufige Drehung gilt.

Ersetzt man p, um es nicht abzugreifen, durch $\frac{2h}{l}$ und hierin wieder $2h$ durch $\frac{3f}{l}$ (siehe Abschn. 35), so entsteht

$$q = \frac{3fl}{Hl^2 + 6f} = \frac{1}{\dfrac{Hl}{3f} + \dfrac{2}{l}}, \qquad (51)$$

worin f den Inhalt der Summenparabel bezeichnet, H die Endordinate und l die Schattenlänge der Entwurfsteigung. Das Minuszeichen im Nenner kann fortbleiben, da p gleiches Vorzeichen mit f hat. In diesem Beispiel ist $f = -19{,}6$, $H = 11{,}44$ und $l = 11{,}25$, folglich $q = -0{,}497$ cm $= -4{,}97$ m der Wirklichkeit. Das Minuszeichen deutet auf rückläufige Drehung, also Verschiebung der Bogenenden nach außen. Bei einem Linksbogen mit steigender K-Linie würde eine rückläufige Drehung eine Verschiebung der Bogenendpunkte nach innen bedeuten.

Die Bogenenden waren nach Abschn. 36 um je 2,77 m nach rechts verschoben worden; die Gesamtverschiebung beträgt demnach für den Bogenanfang $2{,}77 - 4{,}97 = 2{,}20$ m (nach links) und für das Bogenende $2{,}77 + 4{,}97 = +7{,}74$ m (nach rechts).

38. Der Fehler der Summenparabel.

Im Schlußsatz des Abschn. 33 war betont worden, daß die S-Linie keinen scharfen Knick aufweisen soll. Dem widerspricht die Darstellung der S-Linie über $a_2 b_2$ auf Tafel I kurz vor ihrem Ende bei km 91,145. Am Anfang ist solch ein auffallender Knick nicht, weil die Parallelverschiebung und die Drehung ihre Wirkungen zum Teil gegenseitig aufheben. Die Ursache des Fehlers möge an Abb. 30 erörtert werden.

Wenn man eine steigende K-Linie rechtläufig um ihren Mittelpunkt D dreht, so entstehen außer den in Abb. 27 gezeigten Scheiteldreiecken über der Länge der K-Linie auch noch die in der Abbildung überstrichelten Dreiecke, die über jene Länge um das Maß q hinausragen. Die S-Linien für diese kleinen Dreieckchen müßten quadratische Parabeln von der Länge q sein, die entgegengesetzt gekrümmt wären wie die Hauptparabel und mit dieser gemeinschaftliche Tangenten hätten, die bei $\frac{1}{2}q$ die Anfangs- und Endwagerechten träfen. Die Folge wäre, daß die Hauptparabel auf ihre ganze Länge um die Endordinate der kleinen Parabeln von ihrer Sehne abgehoben würde, wie die Abb. 30 darstellt.

Dann aber wird die Inhaltsbedingung, daß der Parabelabschnitt gleich der Fläche zwischen S-Linie und Auftraglinie sein soll, nicht mehr erfüllt.

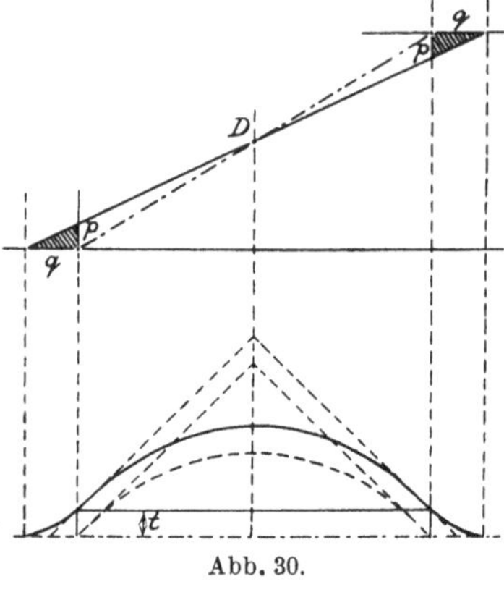

Abb. 30.

Es ist anzustreben, daß der Wert q, also auch p, recht klein wird, daß also die Summenparabel recht flach wird, damit die überstrichelten Dreiecke vernachlässigt werden dürfen.

q wird niemals so groß werden, daß die S-Linie der Dreieckchen, aus den Mittelhöhen von $\frac{1}{2}$ cm Streifen gebildet, als Parabeln erkennbar werden. Man wird das Maß t der unteren Zeichnung (Abb. 30) berechnen müssen, indem man den in Zentimetern ausgedrückten Inhalt $\frac{1}{2}pq$ durch $\frac{1}{2}$ cm teilt. In dem Beispiel auf Tafel I ist

$$t = \frac{1}{2} \cdot 0{,}465 \cdot 0{,}497 : \frac{1}{2} = 0{,}231 \text{ cm} = 2{,}31 \text{ mm}.$$

Der 2,31 mm breite Streifen von der Länge l, die sehr groß sein kann, hätte in die Flächenrechnung einbezogen werden müssen. Weil

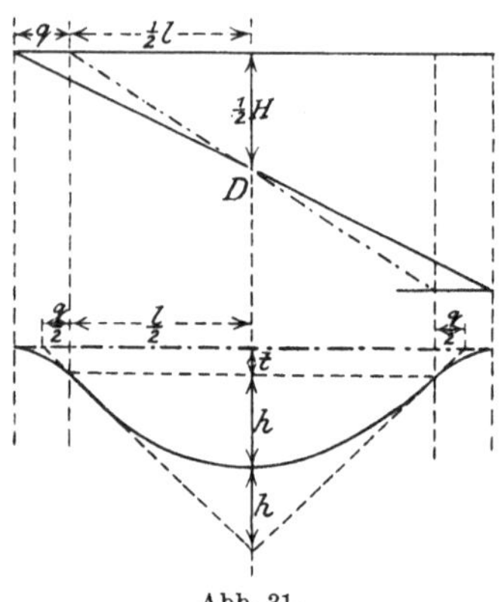

Abb. 31.

dies nicht geschehen ist, ist die doppelte Parabelhöhe, also auch p, also auch q ungenau ermittelt.

In Abb. 31 muß t — wegen des Abgreifens in $\frac{1}{2}$ cm breiten Streifen — den doppelten Inhalt des Überschußdreiecks $(p \cdot q)$ und $t + h$ den doppelten Inhalt des Dreiecks zwischen q und dem Drehpunkt D ausdrücken $\left[p \cdot \left(\frac{l}{2} + q \right) \right]$; ferner muß die endgültige, voll ausgezogene Steigung eine Gerade sein, wodurch p abhängig erscheint, und endlich muß die ganze Fläche zwischen dem Parabelzug und der Wagerechten den Inhalt f haben. Aus diesen vier Beziehungen ergeben sich vier voneinander unabhängige Gleichungen zur Ermittlung der vier Unbekannten p, q, t und h, nämlich

$$t = p \cdot q \qquad (52)$$

$$h = (t + h) - t = p\left(\frac{l}{2} + q\right) - p \cdot q = \tfrac{1}{2}p \cdot l \qquad (53)$$

$$p = q \cdot \frac{H}{l + 2q} \qquad (54)$$

$$t \cdot l + \tfrac{2}{3}t \cdot q + \tfrac{2}{3}l \cdot h = f. \qquad \text{Aus (55) folgt:} \qquad (55)$$

$$3t \cdot l + 2t \cdot q + 2l \cdot h = 3f \qquad (56)$$

Man zerlegt $3t \cdot l$ in zwei Summanden und erhält:

$$t \cdot l + 2t \cdot q + 2t \cdot l + 2l \cdot h = 3f. \qquad \text{Da nun} \qquad (57)$$

$$t : q = 2h : l, \quad \text{kann man setzen:} \qquad (58)$$

$$t \cdot l = 2q \cdot h, \quad \text{also} \qquad (59)$$

$$2q \cdot h + 2q \cdot t + 2t \cdot l + 2h \cdot l = 3f \qquad (60)$$

$$2q\,(h + t) + 2l(h + t) = 3f \qquad (61)$$

$$(h + t) \cdot (q + l) = \tfrac{3}{2}f. \qquad (62)$$

Setzt man $t = p \cdot q$ nach Gl. (52) und $h = \tfrac{1}{2}p \cdot l$ nach Gl. (53), also $h + t = \tfrac{1}{2}p \cdot (2q + l)$, und benutzt man ferner für p den Wert aus Gl. (54), so entsteht:

$$\tfrac{1}{2}q \cdot H\,(q + l) = \tfrac{3}{2}f \qquad (63)$$

$$q^2 + q \cdot l = \frac{3f}{H} \qquad (64)$$

$$q = -\tfrac{1}{2}l + \sqrt{\left(\frac{l}{2}\right)^2 + \frac{3f}{H}} \qquad (65)$$

$$2h + t = p(q + l) \text{ nach Gl. (52) und (53); endlich} \atop \text{mit Benutzung von Gl. (54):} \qquad (66)$$

$$2h + t = q \cdot H \frac{l + q}{l + 2q}. \qquad (67)$$

Im Beispiel der Tafel I wird $q = -\dfrac{1}{2} \cdot 11{,}25 + \sqrt{5{,}625^2 + 3 \cdot 19{,}6 : 11{,}44}$ $= +0{,}44$ cm. In Abschn. 37 war der Wert $q = -0{,}497$ ermittelt worden (wegen des Vorzeichens s. Schlußsatz dieses Abschnitts). Dort waren die Bogenenden um $0{,}497 - 0{,}44 = 0{,}057$ cm ($= 0{,}57$ m der Wirklichkeit) anders, aber nicht etwa um ein so großes Maß falsch, bestimmt worden. Nach der neuen Rechnung ist nämlich auch die Höhe der Summenparabel, folglich der Halbmesser, verändert worden. Man erhält $h + t = \frac{1}{2}q \cdot H = 0,22 \cdot 11,44 = 2,517$ cm für den Parabelscheitel, während dieser nach Abschn. 35 den Abstand 2,615 cm von

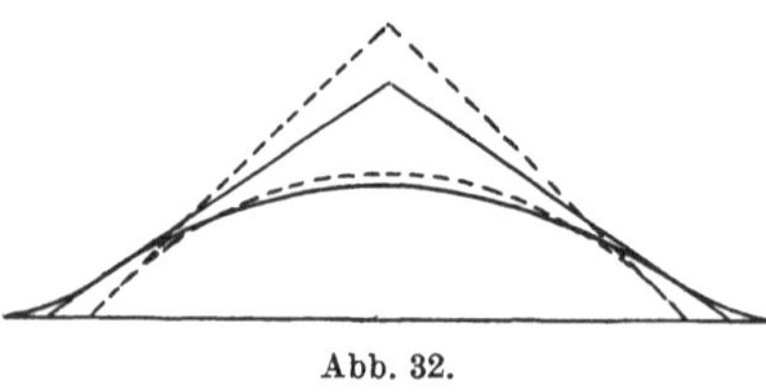
Abb. 32.

der Sehne hatte. Der Scheitel ist demnach um 0,1 cm eingedrückt. Diese Lage veranschaulicht Abb. 32.

Die Formel in Abschn. 37 erfüllt den Flächenausgleich nicht so scharf, aber darauf kann es nicht ankommen, die Verlegung des Bogenscheitels um $\frac{1}{2}$ cm der Wirklichkeit kann keine nachteiligen Spannungen im Gleise hervorrufen.

Wenn die in Abb. 30 überstrichelten Dreiecke infolge entgegengesetzter Drehung innerhalb der ursprünglichen Länge l liegen — welcher Fall vorliegt, hängt nicht nur von der Drehrichtung, sondern auch von dem Steigen oder Fallen der K-Linie ab, wie ein Vergleich der Abb 30 und 31 lehrt, von denen jene eine rechtläufige, diese eine rückläufige Drehung darstellt, während in beiden Fällen Überschußdreiecke erzeugt werden infolge der verschiedenen Richtung der K-Linie —, so gelten nach Abb. 33 die Formeln:

$$q = + \frac{l}{2} - \sqrt{\left(\frac{l}{2}\right)^2 - \frac{3f}{H}} \tag{68}$$

$$2h + t = q \cdot H \cdot \frac{l - q}{l}, \tag{69}$$

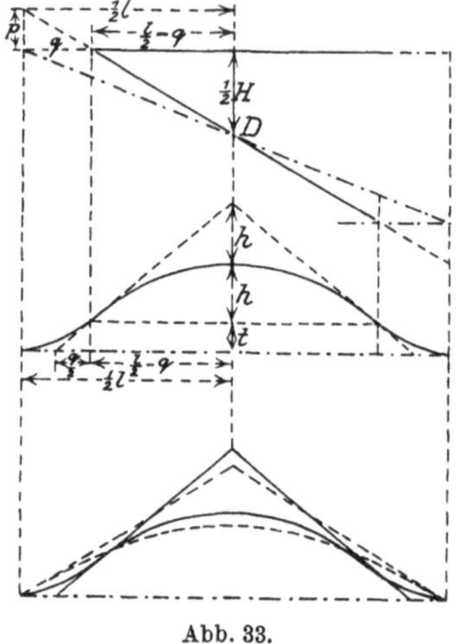
Abb. 33.

die in völlig gleicher Weise entwickelt sind wie die Formeln (65) und (67). In diesem Falle wird der Parabelscheitel im Gegensatz zu Abb. 32 nach außen gedrückt, wie die untere Zeichnung andeutet, um den Flächenverlust an den äußeren Enden wettzumachen.

In den Formeln (65), (67), (68) und (69) gelten die absoluten Werte für f, H usw. ohne Rücksicht auf Vorzeichen. Die Richtung der zeichnerischen Konstruktion ergibt sich aus dem angestrebten Zweck von selbst (vgl. Schluß des Abschn. 42).

39. Zeichnerische Ermittlung der Parabelhöhe.

In Abschn. 35 wurde die Höhe der Summenparabel berechnet aus der Formel $f = \frac{2}{3}l \cdot h$. Diese Rechnung läßt sich durch zeichnerische Darstellung ersetzen. Es ist $\dfrac{f}{l} = \dfrac{2h}{3} = \dfrac{4h}{6}$. Trägt man die Zirkelspannung f, die die Länge eines 1 cm breiten Flächenstreifens vom Inhalt f darstellt, nach Abb. 34 als Ordinate ab an einem Sehnenendpunkt auf und verbindet b mit dem anderen Sehnenendpunkt c, so kann man den Wert $4h$ in 6 cm Entfernung von c zwischen ac und bc abgreifen. Dieses Maß $4h$ trägt man in a und c senkrecht nach derjenigen Seite, auf der die Parabel liegen soll, als Ordinaten ad und ce an; dann sind ae und cd die Haupttangenten der Parabel, die sich in der Höhe $2h$ über der Sehne ac kreuzen.

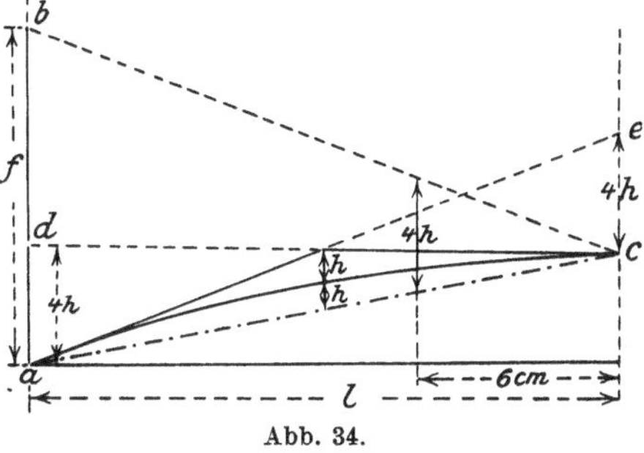

Abb. 34.

40. Die Feststellung des Halbmessers.

Die Pfeilhöhen sind an 20 m langen Bogen gemessen, es ist also

$$ h = \frac{10^2}{2r} = \frac{100}{2r} = \frac{50}{r} \quad \text{oder} \quad h : 5 = 10 : r = 1 : \frac{r}{10}. $$

Für den fehlerlosen Kreis mit gleichen Pfeilhöhen entfällt auf je 5 mm der K-Linie (Entwurfsteigung) derselbe Wert h. Das Verhältnis $h : 5$ ist das Steigungsverhältnis des Entwurfs, aber der Maßstab ist verzerrt. Ist der Höhenmaßstab $1 : n$, so hat der Entwurf in jedem Teilfeld von 5 mm Breite nur $\dfrac{h}{n}$ Ordinatenzuwachs. Man kann demnach setzen: $\dfrac{h}{n} : 5 = \dfrac{1}{n} : \dfrac{r}{10}$, daher kann man bei $\dfrac{1}{n}$ Höhe der Steigung $\dfrac{1}{10}\,r$, was aber noch mit dem Längenmaßstab $1 : 1000$ zu multiplizieren ist, also $\dfrac{1}{10\,000}\,r$ als Schattenlänge ablesen.

Ist der Höhenmaßstab $1 : 10$ wie in dem Beispiel in Tafel I, so ist die Schattenlänge eines Steigungsabschnittes von $\dfrac{1}{10}$ m $= 10$ cm Höhe der 10 000. Teil des Halbmessers. Ist der Höhenmaßstab $1 : 20$ oder $1 : 40$, so findet man den 10 000. Teil des Halbmessers als Schattenlänge eines Steigungsabschnittes von $\dfrac{1}{20}$ m $= 5$ cm oder $\dfrac{1}{40}$ m $= 2{,}5$ cm Höhe. Man schiebt die endgültige Steigung parallel ab durch einen geeigneten Knotenpunkt des Millimeterpapiers und liest die Länge ab, die auf 10, 5 oder 2,5 cm Steigung entfällt; 1 cm Länge entsprechen 100 m Halbmesser.

41. Genauigkeitsuntersuchung.

In dem Beispiel auf Tafel I ist der Halbmesser $r = 1086$ m aus der Zeichnung zu entnehmen. Man wird ihn auf 1100 m abrunden für die Zwecke der Praxis (Anordnung der Überhöhung, Anschrift auf der Strecke usw.), denn zu irgendwelchen Berechnungen wird er nicht benutzt. Die Bogenenden, in der Zeichnung abgelesen, liegen bei km 91,0 + 29,5 und 91,1 + km 54,0; der Bogen ist also 12,45 cm der Zeichnung oder 124,5 m in Wirklichkeit lang. Der Zentriwinkel ist nach Abschn. 20: $\frac{1}{10}\varrho \cdot \varSigma h = \frac{1}{10}\varrho \cdot 1{,}144 = 23\,597'' \doteq 6^0\,33'\,17''$. Der Halbmesser ist $10 \cdot 124{,}5 : \varSigma h = 1245 : 1{,}144 = \mathbf{1088{,}3}$ m, also nicht wesentlich verschieden von dem aus der Zeichnung ermittelten.

Geht man von dem ursprünglichen gestrichelten Augenmaßentwurf aus, dessen Bogenlänge von 91,0 + 32,5 bis 91,1 + 45,0 reicht und 112,5 m beträgt, und verbessert diese Länge um den doppelten Wert des in Abschn. 37 gefundenen Maßes q, also um $2q = 2 \cdot 0{,}497 = 0{,}994$ cm $= 9{,}94$ m der Wirklichkeit auf 122,44 m, so erhält man für den Halbmesser: $1224{,}4 : 1{,}144 = \mathbf{1070{,}3}$ m .

Benutzt man endlich den in Abschn. 38 festgestellten besseren Wert 0,44 für q, so erhält man zur Bogenlänge 121,3 m den Halbmesser **1060,3** m.

Die starke Abweichung des der Zeichnung entnommenen Halbmesserwertes von den verbesserten Werten ist darauf zurückzuführen, daß die Überschußdreiecke $(p \cdot q)$ infolge des schlechten Augenmaßes bei Eintragung des Entwurfs außerordentlich groß sind. Dieser Fehler drückt sich durch die hohe Wölbung der Parabel, die man durchaus verhüten muß, aus. Man hätte in diesem Falle den Wert q berechnen sollen, anstatt nur zeichnerisch weiterzuarbeiten, und zwar nach der genaueren Formel des Abschn. 38. Daß man dann die Parabelenden auf die Ordinatenlinien von q an beiden Enden zu legen, die Haupttangenten aber nach den Mittelpunkten der Strecken q zu ziehen gehabt hätte, versteht sich von selbst[1]).

Lehrreich ist ein Vergleich der Beziehungen zwischen den beiden Werten von q und den zugehörigen Halbmessern. Die Evolventen der Bogenscheitel sind für die Bogenlänge $\frac{1}{2} \cdot 122{,}44$ mit 1070,3 Halbmesser 1,751 m und für die Bogenlänge $\frac{1}{2} \cdot 121{,}3$ mit 1060,3 m Halbmesser 1,735 m, der Scheitelabstand der beiden Bogen betrüge demnach 1,6 cm.

Wenn man die Krümmungslinien für diese beiden Bogen nach Art der Abb. 31 darstellte und zu der dazwischenliegenden Fläche die Summenlinie zeichnete, würde ein dieser Abbildung entsprechender Parabelzug entstehen, dessen Scheitelhöhe den Inhalt eines Dreiecks von $0{,}497 - 0{,}44 = 0{,}057$ cm Grundlinie und $\frac{1}{2}H = 5{,}72$ cm Höhe aus-

---

[1]) Die S-Linien $a_1 b_1$ und $a_2 b_2$ auf Tafel I sind als Anschauungsbilder zur Darstellung des Grundgedankens nicht durch Abgreifen aus dem K-Linienbild entstanden; sonst wäre der Flächenfehler zutage getreten.

drückte; das würden $\frac{1}{2} \cdot 0{,}057 \cdot 5{,}72 = 0{,}163$ cm sein, d. h. man würde wegen des Abgreifens in $\frac{1}{2}$ cm breiten Streifen den doppelten Wert als doppelte Evolvente (also im doppelten Maßstab) darstellen. Mit Rücksicht auf den Höhenmaßstab 1:10 entspricht das Ergebnis vollkommen der geometrischen Rechnung.

Praktisch ist schon zwischen einem Halbmesser von 1070 und einem solchen von 1060 m kein nennenswerter Unterschied mehr, wenn man nichts mehr daraus zu berechnen hat. Bei gutem Augenmaßentwurf werden beide Berechnungsarten für den Wert q sich sehr nahe kommen und die Unsicherheit in der Bestimmung des Halbmessers ganz geringfügig werden, so daß man in den weitaus meisten Fällen den Wert nicht zu berechnen braucht, sondern sich mit der zeichnerischen Ermittlung begnügen kann.

42. Sinnfälligkeit der Zeichnung.

Hätte man die K-Linie auf Tafel I, die einem Rechtsbogen angehört, von links unten nach rechts oben aufgetragen, so hätte man auch für die S-Linie ein Spiegelbild erhalten; denn die Flächen, die in der vorliegenden Zeichnung der K-Linie oberhalb der Ausgleichslinie erscheinen, hätten alsdann unter ihr gehangen, und umgekehrt. Ein Blick auf Abb. 4 lehrt, daß eine sinnfällige Zeichnung nur entstehen kann, wenn man die Ordinaten nach derjenigen Seite hin aufträgt, nach der der Bogen in Wirklichkeit von der Anfangstangente ablenkt.

Die Parallelverschiebung einer Entwurfsteigung nach oben erzeugt im Bilde der S-Linie eine schräg ansteigende gerade Linie, die Parallelverschiebung nach unten erzeugt hier eine fallende gerade Linie. Umgekehrt deutet eine im Bilde der S-Linie notwendig werdende steigende Gerade stets auf eine Parallelverschiebung nach oben, dagegen eine fallende Gerade auf eine solche nach unten ohne Rücksicht darauf, ob die K-Linie steigt oder fällt.

Ein entsprechender Rückschluß führt zu der Regel: Eine über ihrer Sehne stehende Summenparabel deutet stets auf eine rechtläufige, eine unter der Sehne hängende Parabel auf eine rückläufige Drehung des Entwurfs ohne Rücksicht darauf, ob die K-Linie steigt oder fällt.

Hierbei ist zu bemerken, daß eine rechtläufige Drehung bei steigender K-Linie den Halbmesser vergrößert, bei fallender K-Linie aber verkleinert, während eine rückläufige Drehung bei steigender K-Linie den Halbmesser verkleinert, bei fallender K-Linie ihn dagegen vergrößert.

Bei Berechnung des Wertes q für die durch Drehung des Entwurfs bewirkte Verlegung der Bogenenden sind die in Abschn. 38 angegebenen Formeln (65) und (67) anzuwenden, wenn

1. die Summenparabel unter ihrer Sehne hängt und die K-Linie gleichzeitig fällt, oder

2. die Parabel über der Sehne steht und die K-Linie gleichzeitig steigt;

dagegen die Formeln (68) und (69), wenn

1. die Summenparabel bei steigender K-Linie über der Sehne steht, oder

2. bei fallender K-Linie unter der Sehne hängt.

43. Geometrische Ausdeutung der Tafel I.

Die gestrichelte Entwurfsteigung auf Tafel I wird in Abb. 35 veranschaulicht durch den gestrichelten Bogen mit willkürlichem Anfangspunkt auf einer Tangente und willkürlichem — wenigstens nur roh nach Augenmaß bestimmten — Halbmesser. Dieser Bogen füllt indessen den wirklich vorhandenen Zentriwinkel aus, der in der Endhöhe der K-Linie seinen Ausdruck findet; auf dieser Höhe, nämlich auf der Wagerechten durch den Punkt B, endet auch die Entwurfsteigung. Der gestrichelte Bogen in Abb. 35 geht also in eine Schlußtangente über, die mit der Tangente des wirklichen fehlerhaften Bogens parallel läuft. Er muß um ein Maß v, in der Richtung der Anfangstangente gleitend, verschoben werden, bis seine Schlußtangente sich mit der örtlich vorhandenen Tangente

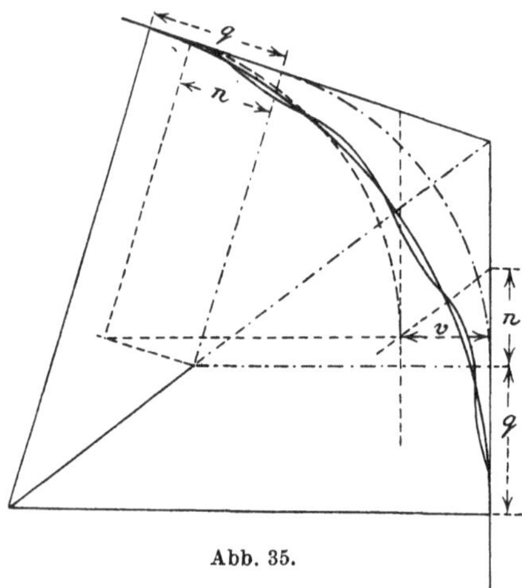

Abb. 35.

deckt. Dieses Maß v stellt sich in der S-Linie über ab als Abweichung des Endpunktes von der Auftraglinie (b—c) dar. Durch die Verschiebung entsteht der strichpunktierte Bogen von gleichem Halbmesser. Seine K-Linie ist die strichpunktierte Entwurfsteigung, deren Gleichlauf mit dem gestrichelten Entwurf die Beibehaltung des gleichen Halbmessers anzeigt. Der strichpunktierte Bogen in Abb. 35 deckt sich aber nicht genügend mit der örtlichen Gleislage, die durch die Wellenlinie angedeutet ist. Sein Halbmesser muß vergrößert werden. Sein Mittelpunkt ist bestimmend für die Halbierungslinie des Zentriwinkels, auf der die Mittelpunkte aller Kreise zwischen den gegebenen Tangenten liegen müssen. Der halbe Zentriwinkel wird im Bilde der

K-Linie ausgedrückt durch die mittlere Parallele zwischen den Wagerechten durch A und B. Diese ist der geometrische Ort für den Drehpunkt D. (Man sehe darüber hinweg, daß er in der Zeichnung falsch angebracht ist; die gestrichelte Linie ist hier mit der strichpunktierten Linie identifiziert worden, um den Grundgedanken deutlicher herauszuarbeiten. D soll eigentlich auf der Lotlinie des Punktes d liegen.)

Um einen Punkt der Winkelhalbierungslinie ist in Abb. 35 ein Bogen beschrieben worden, der den Flächenausgleich mit dem fehlerhaften Bogen bewirkt, so daß gleich viel Verschiebung nach außen und innen notwendig wird. Dieser voll ausgezogene Bogen entspricht der voll ausgezogenen Steigung auf Tafel I, die eine Vergrößerung des Halbmessers gegenüber dem strichpunktierten Entwurf bedeutet, ohne die Gleichheit der halben Zentriwinkel preiszugeben. Um dieses zu erreichen, wurde die strichpunktierte Steigung um ihren Mittelpunkt D gedreht.

VI. Ausgleichung eines Bogens mit Übergangsbogen.

(Hierzu Tafeln II und III.)

44. Gekürzte Pfeilhöhen.

Tafel II stellt die Bearbeitung eines Linksbogens mit Übergangsbogen dar. Man betrachte zunächst die steile K-Linie, die wagerecht bei A anfängt; die Rundung, die aus der Wagerechten zu der ziemlich gleichförmigen Steigung überleitet, läßt erkennen, daß das Gleis einen Übergangsbogen besitzt. Eine Verbesserung des Bogenanfangs nach Abschn. 26 ist hier nicht angezeigt, zum mindesten unnötig, da sie gar zu unbedeutend sein würde.

Durch den berechneten Drehpunkt, durch den alle denkbaren Ausgleichlinien gehen müssen, ist eine solche nach Augenmaß gelegt, durch Abschieben der Steigung ist festgestellt, daß ein Abschnitt von 5 cm Höhe (Höhenmaßstab 1:20) 2,72 cm Länge beansprucht, daß demnach der Halbmesser rund 272 m beträgt, und daher 80 m lange Übergangsbogen erforderlich sind. In den Winkel zwischen der Wagerechten und der Steigung ist demgemäß eine quadratische Parabel von 8 cm Länge eingezeichnet worden.

Die Richtung der K-Linie ist unbequem steil; die Zeichnung ist nur wenig über halb vollendet; die K-Linie würde fast zur doppelten Höhe ansteigen und am Ende parabolisch in die Wagerechte übergehen. Es wäre erwünscht, daß die Entwurfsteigung auf je $\frac{1}{2}$ cm Länge etliche (etwa 5 Millimeter) weniger anstiege. Wenn man die Ordinaten der K-Linie entsprechend, d. h. um dieselbe Anzahl Millimeter für jeden $\frac{1}{2}$ cm langen Steigungsabschnitt, verkürzte, so würden die Brechpunkte der K-Linie von der flacher geneigten Entwurfsteigung die gleichen Abstände behalten, die sie im unverkürzten Bilde haben. Will man die Entwurfsteigung um 5 mm für jeden Flächenstreifen von $\frac{1}{2}$ cm Breite abflachen, so muß man bei Bildung der Pfeilhöhensummenreihe jede Pfeilhöhe um $20 \cdot 5$ mm $= 5$ Doppelzentimeter kürzen (wegen des Maßstabes 1:20). Das soll hier geschehen. Hier möge das vollständige Feldbuch folgen, damit man sich durch eigene Nacharbeit überzeugen kann, daß in den folgenden Zeichnungen nichts beschönigt ist.

An den Bogenenden findet man häufig einige kleine negative Pfeilhöhen; auf die Ursachen dieser Erscheinung soll hier nicht eingegangen werden. Diese negativen Werte werden mit ihren Vorzeichen in die Summenbildung einbezogen. Läßt man die kleinen Pfeilhöhen etwa bis km 1,620 und von 1,820 an außer Betracht, so ergibt ein flüchtiger Überschlag eine mittlere Pfeilhöhe von etwa 8 dcm auf 200 m Länge. Da auf je 100 m Länge 20 Pfeilhöhen entfallen, wird das Bild im Maßstab 1:20 etwa $8 \cdot 40 = 320$ mm $= 32$ cm hoch werden. Verkürzt man die Pfeilhöhen um je 5 dcm, so wird das Bild nur $(8-5) \cdot 40 = 120$ mm $= 12$ cm hoch. Ein

1	2	3	4	5
km	h dcm	$\Sigma(h-5)$	Achse	Bemerkungen
+ 60	0,00			
		60,00		Gütergleis
	—0,10			
		54,90		Bahrenfeld-
+ 70	—0,50			
		49,40		Langenfelde
	—0,16			
		44,24		Linksbogen
+ 80	0,62			
		39,86		Rechtes Gleis
	0,48			
		35,34		Fahrkante
+ 90	0,30			
		30,64		
	0,42			
		26,06		
1,6	0,28			
		21,34		
	0,30			
		16,64		
+ 10	0,78			
		12,42		
	0,90			
		8,32		
+ 20	1,20			
		4,52		
	2,12			
		1,64		
+ 30	3,44			
		0,08		
	5,10			
		0,18		
+ 40	6,80			
		1,98		
	8,20			
		5,18		
+ 50	9,10			
		9,28		
	9,46			
		13,74		
+ 60	9,64			
		18,38		
	9,44			
		22,82		
+ 70	8,60			
		26,42		
	7,60			
		29,02		
+ 80	6,66			
		30,68		
	8,60			
		34,28		
+ 90	11,80			
		41,08		Gleisknick
	9,74			
		45,82		
1,7	6,48			
		47,30		
	5,92			
		48,22		
+ 10	7,32			
		50,54		
	8,48			
		54,02		
+ 20	8,10			
		57,12		
		941,46		

$$+ 60,00$$
$$[h_{10}] = \quad 80,62$$
$$[h_5] = \quad 76,50$$
$$\overline{\quad 217,12}$$
$$-32 \cdot 5 = -160,00$$
$$\overline{\quad 57,12}$$

derartiger Überschlag ist ratsam, um die Größe des Papierbogens zweckmäßig zu wählen und zu entscheiden, um wieviel man die Pfeilhöhen etwa kürzen will.

Steht das Verkürzungsmaß schon vor der Aufnahme fest, so kann man die verkürzten Pfeilhöhen unmittelbar gewinnen, indem man mit weichem Bleistift die Bezifferung des Maßstabs auf dem Zellhornbelag des Pfeilhöhenmessers abändert, d. h. den Nullstrich verschiebt und die negativen Werte als dekadische Ergänzungen anschreibt.

45. Ausrechnung des Feldbuchs.

Um nicht mit negativen Werten anzufangen — was übrigens die Arbeit nicht erschweren würde —, gibt man dem Anfangspunkt eine angemessene Höhe, indem man flüchtig überschlägt, wie viele Pfeilhöhlen unter dem zu kürzenden Maß bleiben. Das sind in diesem Fall 12, darum ist 12 · 5 = 60 als Anfangshöhe gewählt.

Von 60 ausgehend, sind die Werte h in der zweiten Spalte fortlaufend addiert, und gleichzeitig sind jedesmal 5 dcm abgezogen worden; die letzte Höhe ist 59,64 bei km 1,870.

Die Messungsprobe mit Hilfe der Blende (Abb. 20) er-

1	2	3	4	5
km	h dcm	$\Sigma(h-5)$	Achse	Bemerkungen
	(57,12)			
	8,72	(941,46)		
+ 30	9,28	60,84		
	8,64	65,12		
+ 40	7,98	68,76		
	10,20	71,74		
+ 50	13,40	76,94		Gleisknick
	11,20	85,34		
+ 60	8,38	91,54		
	8,26	94,92		
+ 70	7,74	98,18		
	6,74	100,92		
+ 80	7,30	102,66		
	8,30	104,96		
+ 90	7,52	108,26		
	7,22	110,78		
1,8	6,10	113,00		
	4,10	114,10		
+ 10	3,60	113,20		
	3,26	111,80		
+ 20	1,90	110,06		
	0,68	106,96		
+ 30	0,08	102,64		
	−0,40	97,72		
+ 40	−0,16	92,32		
	0,70	87,16		
+ 50	0,90	82,86		
	0,30	78,76		
+ 60	0,20	74,06		
	0,38	69,26		
+ 70	0,00	64,64		
		59,64		
		3660,60		

$$
\begin{array}{cc}
[h_{10}] & [h_5] \\
80,62 & 76,50 \\
74,22 & 78,30 \\
\hline
154,84 & 154,80
\end{array}
$$

$$
\begin{aligned}
[h] &= 309,64 \\
&+\ \ 60,00 \\
\hline
&\ \ 369,64 \\
62 \cdot 5 = &-\ 310,00 \\
\hline
&\ \ \ 59,64
\end{aligned}
$$

gibt für $[h_{10}]$ den Wert 154,84 und für $[h_5]$ den Wert 154,80, also gute Übereinstimmung. Die Gesamtsumme ist $[h] = 309{,}64$.

Die Anzahl der Pfeilhöhen von km 1,560—1,870 ist $2 \cdot 31 = 62$. Von der Endsumme ist demnach $62 \cdot 5 = 310$ für die Verkürzungen abzuziehen; dagegen sind die 60 dcm der Anfangshöhe wieder zuzusetzen. $309{,}64 - (310-60) = 59{,}64$. Also ist die Rechnung fehlerfrei.

Mehrseitige Feldbücher schließt man seitenweise ab. Den Übertrag Σh vermerke man auf der folgenden Seite nicht in der Spalte für Σh, sondern in der für h. Unter Umständen — die später zur Erörterung gelangen — wird nämlich die Spalte Σh noch aufaddiert, und dann könnten die Überträge zu Irrtümern führen.

46. Die Berechnung des Drehpunktes.

Die Werte Σh sind mit der Picknadel in der Mitte der auf die Messungspunkte folgenden Halbzentimeterfelder aufzutragen (s. Abschn 21). Bei der Darstellung aus gekürzten Pfeilhöhen liegen Anfangs- und Schlußtangente gleichlaufend schräg im Netz des Papiers; ihre Steigung hängt von dem Kürzungsmaß ab, in diesem Falle ist sie 1:1.

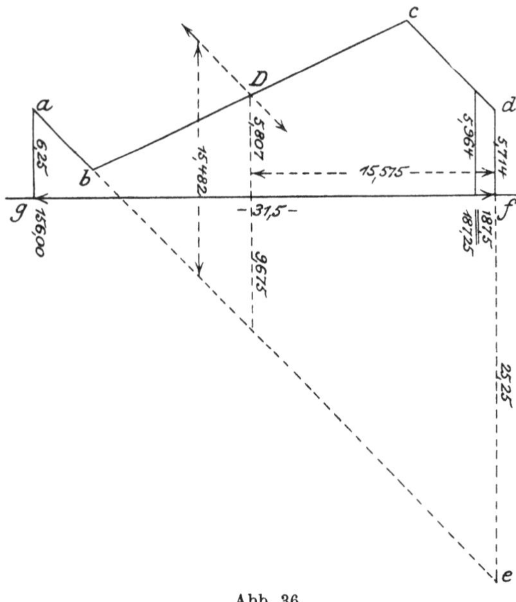

Abb. 36.

Obwohl die Berechnung des Drehpunktes bei der Arbeit mit gekürzten Pfeilhöhen keine mathematischen Schwierigkeiten bereitet, möge doch zunächst die Berechnung aus ungekürzten Höhen eingeschaltet werden.

In diesem Beispiel würde die letzte Eintragung in Spalte 3 des Feldbuchs $[h] = 309{,}64$ gelautet haben, die letzte Höhe würde (im Maßstab 1:20, weil in Doppelzentimetern abgelesen wurde) 30,964 cm gewesen sein. Der Drehpunkt muß auf halber Höhe, d. h. auf 15,482 cm Höhe, liegen.

Die noch unbekannte Entwurfsteigung wird mit den Wagerechten durch Anfang und Ende und der Endordinate ein Paralleltrapez einschließen. Die durch Einschaltung von Übergangsbogen entstehenden Ausrundungen heben einander in ihrer Wirkung auf die Trapezfläche auf, sofern sie gleich lang sind, was hier angenommen wird; sie brauchen daher nicht berücksichtigt zu werden. Der Inhalt des Trapezes muß gleich sein der Fläche zwischen der K-Linie, den Anfangs- und Endwagerechten und der letzten Ordinate. Diese Fläche ist bekannt; man erhält sie genau, wenn man die Werte Σh zusammenzählt, und zwar als Länge eines 5 mm breiten Flächenstreifens. Die Addition würde ergeben haben: 9645,60 mm; der Inhalt ist also 428,28 cm². Dividiert man ihn durch die Endhöhe 30,964, so erhält man die mittlere Breite (auf halber Höhe) gleich 15,575 cm. Der Drehpunkt liegt um dieses Maß rückwärts von der Endordinate; dieses ist aber die Ordinate bei km 1,875; denn hier endet der letzte zur Flächenberechnung benutzte Streifen, in dessen Mitte (bei km 1,8725) die letzte Höhe aufgetragen wurde. Der Drehpunkt liegt also auf der Ordinate 15,482 zur Länge $1,875 - 0,15575 = 1,71925$ km.

Bei der Arbeit mit gekürzten Pfeilhöhen muß man sich das Bild der Auftragung nach Maßgabe der Abb. 36 ergänzt denken. Man erblickt ein verzerrtes Trapez, das durchaus so zu behandeln ist, als ob es bei d und e rechtwinklig wäre. Die Addition der Spalte $\Sigma(h-5)$ ergibt 3660,60. Die doppelte Fläche a—g—f—d—K-Linie — a ist gleich 366,06 cm². Da die Anfangsordinate 60 und die Endordinate 59,64, die bei km 1,5625 und 1,8725 aufgetragen sind, in der Summe enthalten sind, beginnt die Fläche bei km 1,56 und endet bei 1,875, ist also 31,5 cm lang. Die Anfangsordinate ist nun aber nicht 6,00, sondern 6,25, weil die Tangente auf die vorn zugesetzten 2,5 mm Länge 2,5 mm steigt. Die abwärts führende Endordinate f—e ist $31,5-6,25 = 25,25$ cm lang. Die doppelte verschränkte Fläche a—e—f—g—$a = 31,5\,(25,25-6,25) =$ 598,5 cm² muß der aus dem Feldbuch berechneten Doppelfläche 366,06 zugesetzt werden. Der Trapezinhalt ist also $\frac{1}{2} \cdot (366,06 + 598,5) =$ 482,28 cm², was mit der Rechnung aus ungekürzten Pfeilhöhen übereinstimmt. Die Höhe des Trapezes ist $5,741 + 25,25 = 30,964$ cm, genau wie vor. Die Division ergibt ebenfalls 15,575 cm. Die Höhe des Drehpunktes von der Wagerechten wird: $15,482 - (25,25-15,575) = 5,807$ cm.

Hätte die Verkürzung der Pfeilhöhen nicht 5, sondern etwa 3 dcm betragen, so hätte man die von der Neigung der Tangenten beeinflußten Maße mit $\frac{3}{5}$ multiplizieren müssen; auch dadurch wäre die Rechnung nicht wesentlich erschwert worden.

47. Die Eintragung des Entwurfs.

Durch den Drehpunkt wird eine Entwurfsteigung gezogen, die bei längeren Bogen im allgemeinen die K-Linie möglichst oft schneiden soll, damit durch den häufigen Wechsel positiver und negativer Flächen die Summenlinie wellenförmig wird und sich nicht weit von der Auftraglinie entfernen kann. Was sonst noch zu beachten ist, wird sich am besten aus den Fehlern dieses Beispiels erkennen lassen. Auf Tafel II ist eine Ausgleichslinie nach Augenmaß über beide K-Linien gelegt. In die Brechungswinkel, die die Entwurfsteigung mit den Tangenten bilden, sind Parabeln zweiten Grades von je 8 cm Schattenlänge eingezeichnet. Beide Entwürfe stimmen insofern überein, als die Schnittpunkte (B und B') mit den Anfangstangenten auf gleicher Länge liegen. Die Abstände zwischen den beiden K-Linien und den zugehörigen Entwürfen, auch innerhalb der Parabelstrecken, sind für jeden Längenpunkt genau gleich, wovon man sich mit dem Zirkel überzeugen kann; der Augenschein trügt. Man erhält demnach genau dieselbe S-Linie, ob man nun mit verkürzten oder unverkürzten Pfeilhöhen arbeitet.

Von hier an wird nur noch die Zeichnung aus verkürzten Pfeilhöhen benutzt.

Beim Entwerfen von Ausgleichslinien leistet ein Dreieck oder Lineal aus durchsichtigem Zellhorn (Zelluloid) gute Dienste, besonders wenn man mit dem Federmesser eine Linie einritzt und etwas einschwärzt. Auch ein Seidenfaden, den man über die Zeichnung ausspannt, ist ein brauchbares Hilfsmittel zur Aufsuchung der günstigsten Lage des Entwurfs.

48. S-Linie und Parabelzug.

Die nach der in Abschnitt 33 gegebenen Anleitung gezeichnete S-Linie müßte auf der Auftraglinie enden, da der Entwurf durch den berechneten Drehpunkt geht; ein kleiner zeichnerischer Schlußfehler wird indessen unvermeidlich sein. Man zieht durch Anfangs- und Endpunkt wagerechte Linien bis zum Schnitt mit den Lotlinien der Brechpunkte B und F auf den Tangenten des Entwurfs (a—b und g—f) und verteilt den Zeichenfehler durch die Verbindung b—f auf den Hauptteil des Bogens. Dann mißt man die Fläche zwischen der S-Linie und dem Linienzuge a—b—e—g, wobei etwa oberhalb dieses Zuges liegende Flächen als positiv, die unterhalb liegenden als negativ zu bewerten sind. An Stelle der auf Tafel I gezeigten einfachen Summenparabel tritt infolge der Einschaltung der Übergangsbogen ein Parabelzug.

Um nämlich die Inhaltsbedingung für die S-Linie zu erfüllen (vgl. Abschn. 35), muß der Entwurf in der K-Linie um den Mittelpunkt D gedreht werden. Durch die Drehung werden aber die Parabeln in Mitleidenschaft gezogen; an die gedrehte Steigung müßte sich je eine neue Parabel schmiegen, die mit der entworfenen Parabel eine halbsichelförmige Fläche einschließt, wie Abb. 37 veranschaulicht. Wenn diese Halbsichel sehr schmal ist, so kann man sie als ein verkrümmtes Dreieck auffassen. Die S-Linie für dieses wird aber nach Abb. 27 in Abschn. 35 eine quadratische Parabel, die entgegengesetzt gekrümmt ist wie die Hauptparabel und mit dieser eine gemeinschaftliche Tangente haben muß.

Die Auffassung der Halbsichel als eines verkrümmten Dreiecks ist mathematisch falsch; denn die Unterschiede der Ordinaten beider Sichelränder sind wie diese Ordinaten selbst Glieder einer quadratischen Reihe; die S-Linie müßte folglich eine kubische Parabel sein[1]). Der Fehler, den man hier begeht, ist aber noch harmloser als der, den man macht, wenn man die Änderung des Abstandes zweier Gleise zur Überführung über eine Brücke mit getrennten Überbauten auf eine größere Bogenlänge nach dem Längenverhältnis verteilt, anstatt sie im Verhältnis zum Quadrat der Längen zu verteilen. Hier wird eine kleine Abweichung im Verhältnis zum Quadrat der Längen verteilt, anstatt im Verhältnis zur dritten Potenz verteilt zu werden. Unschädlich ist

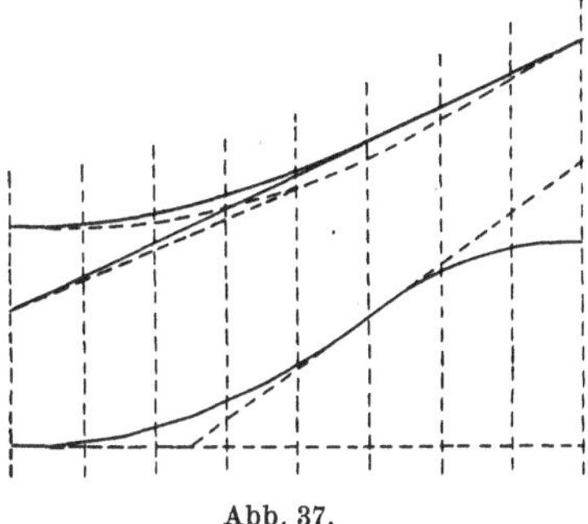

Abb. 37.

dieses Verfahren indessen nur, wenn die Drehung geringfügig, also die Halbsichel recht schmal ist.

Die Formel für die Feststellung der Tangenten des Parabelzuges findet man nebst Zeichnung in der anhängenden Formelsammlung unter Nr. 18. Sie gilt für jede Teilung der Sehne, also auch für den Fall, daß die äußeren Abschnitte l_1 und l_3 der Zeichnung einander gleich sind.

Die Parabeln sind nach Anleitung in Abschn. 31 eingetragen.

49. Die Absteckmaße.

Die S-Linie zeigt die doppelten Evolventenfehler. Da die K-Linie im Maßstab 1:20 aufgetragen war, kann man die S-Linie als im Maßstab 1:10 gezeichnet betrachten, um die Halbierung der doppelten Fehler zu ersparen. Man hat nur die Abstände zwischen S-Linie und Parabelzug an allen beliebigen Punkten mit einem Holzmaßstab abzulesen. 1 mm der Zeichnung entspricht einem Zentimeter der Wirklichkeit. Das Bild ist sinnfällig; die S-Linie, die das fehlerhafte Gleis darstellt, soll in die Lage des Parabelzuges, der dem fehlerlosen Bogen entspricht, verschoben werden. Die Maße sind von 50 zu 50 m mit Angabe der Schubrichtung eingetragen. Eine Vermarkung in so weiten Abständen genügt selbstverständlich nicht; die Eintragungen sollen nur Beispiele sein.

Will man nicht in der Gleisachse, sondern in der Bahnachse, vermarken, so sind von der hier benutzten Innenkante der rechten Schiene des rechten Gleises eines Linksbogens bei 3,5 m Gleisabstand die halbe Spurweite mit 0,72 m und der halbe Gleisabstand mit 1,75 m,

---

[1]) Allgemein verhält sich die S-Linie zur K-Linie wie das Integral zum Differential.

also zusammen 2,47 m abzusetzen, um die alte Achse zu erhalten. Die neue berichtigte Achse liegt um so viel weiter nach links oder rechts, als die abzulesenden Verschiebungsmaße angeben; z. B. bei km 1,650 liegt die neue Achse $2,47 + 0,31 = 2,78$ m von der Fahrkante des fehlerhaften Gleises, bei km 1,7 aber $2,47 - 0,27 = 2,20$ m von dieser Schiene entfernt.

50. Halbmesser, Bogenenden und Zentriwinkel.

Abweichend von der Darstellung auf Tafel I läßt sich hier das Maß der Drehung nur für den auf die Länge der Hauptparabel entfallenden Abschnitt CE feststellen. Man zieht die Sehne ce, greift in $\frac{1}{2}$ cm Entfernung von einem dieser Punkte den senkrechten Abstand zwischen Sehne und Tangente ab, trägt ihn bei C der K-Linie nach unten oder bei E nach oben ab (rückläufige Drehung, weil die Parabel unter ihrer Sehne hängt) und zeichnet die berichtigte Steigung durch den Drehpunkt D, deren Verlängerung die Tangenten in den berichtigten Bogenendpunkten trifft (nur bei B angedeutet). Den Halbmesser liest man als wagerechte Länge da ab, wo der senkrechte Abstand zwischen der verbesserten Steigung und der schräg liegenden Tangente 5 cm beträgt. Zu dem Zweck schiebt man die Steigung durch einen Netzknotenpunkt ab und zieht durch den 5 cm höher liegenden Knotenpunkt eine Parallele zu den Tangenten (hier Neigung 1:1). Der Schnittpunkt beider Linien liegt 2,69 cm von der Ordinatenlinie der gewählten Knoten, also ist der Halbmesser 269 m.

Die Bogenenden sind einfach abzulesen, nämlich bei km 1,636 und 1,802; nachdem man die berichtigte Steigung bis F verlängert hat. Die Bogenlänge zwischen den Mitten der Übergangsbogen ist demnach 166 m.

Der Zentriwinkel ist nach Abschn. 20 gleich $\frac{1}{10} \varrho [h]$, worin $[h]$ in Metern auszudrücken ist. Man erhält in diesem Falle $\alpha = \frac{1}{10} \varrho \cdot 6,1928 = 127736'' = 35^0 28' 56''$, denn die Summe der Pfeilhöhen betrug 309,64 dcm.

Zu diesem Winkel gehört bei 269 m Halbmesser eine Bogenlänge von 166,59 m oder bei der der Zeichnung entnommenen Bogenlänge von 166 m ein Halbmesser von 268,05 m. Diese Abweichungen sind belanglos; denn während Halbmesser und Bogenlänge sehr genau bestimmt werden müssen, wenn man sie zur Berechnung eines Tangenten- oder Sehnenvielecks benutzen will, dienen sie hier zu nichts. Die Aufgabe, den fehlerhaften Bogen zu verbessern, war schon gelöst, bevor man die endgültigen Werte ermittelt hatte. Den Halbmesser wird man auf 270 m abrunden. Der mittlere Halbmesser der Bahnachse ist noch rund 2,5 m kleiner, demnach 266,5 m, was man auch unbedenklich auf 270 m abrunden kann, da die Überhöhung sich dieserhalb nicht ändert.

Die Gesamtlänge des Gleises ist gegenüber dem bestehenden Zustand unverändert geblieben.

51. Kritik des Entwurfs.

Auf Tafel II liegt die S-Linie, ähnlich wie in dem Beispiel auf Tafel I, ganz einseitig zur Auftraglinie, anstatt sich in Wellenform um diese herumzuschlängeln. Demnach kann das Augenmaß nicht gut gewesen sein. Man betrachte nochmals die K-Linie aus gekürzten Pfeilhöhen und ihr Verhältnis zum Entwurf. Von km 1,6—1,65 zeigt sich eine erhebliche negative Fläche, darauf folgt eine positive bis km 1,71, die höchstens so groß sein wird wie die erste negative. Es war daher vorauszusehen, daß die S-Linie von km 1,6—1,65 erheblich absinken, dann höchstens bis zur Auftraglinie wieder ansteigen würde. Da nun von 1,71—1,75 abermals eine große negative Fläche folgt, war ferner vorauszusehen, daß die S-Linie, wenn sie bei 1,71 kaum die Auftraglinie erreicht haben würde, abermals stark absinken würde, um erst von 1,75 an wieder emporzusteigen. In dieser Voraussicht hätte man den Entwurf von vornherein steiler anordnen sollen, wie das obere Bild auf Tafel III zeigt. In zweifelhaften Fällen trägt man den Entwurf zunächst mit weichem Bleistift ein und entwirft die Parabeln aus der Hand, indem man den mitten zwischen Tangentenschnitt und Sehne liegenden Scheitel als Stützpunkt benutzt. Dann verfolge man durch Vergleich der Flächen über und unter dem Entwurf die mutmaßliche Bewegung der S-Linie. Bei sorgsamer Abwägung der Flächen wird man schnell zu einem guten Entwurf gelangen. Die S-Linie der oberen Zeichnung auf Tafel III erfüllt die Erwartung einer Schlangenlinie; es wird nur ein sehr flacher Parabelzug erforderlich, der im übrigen auf gleiche Weise ermittelt und gezeichnet ist wie der auf Tafel II.

Er zieht die Übergangsbogen weniger in Mitleidenschaft. Ein Vergleich der beigeschriebenen Verschiebungsmaße lehrt, daß auch die erste Lösung durchaus brauchbar war. Die größte Abweichung beträgt 4 cm bei km 1,65, und die nicht ganz einwandfreie Verteilung von 4 cm auf die 80 m lange Parabel ist praktisch völlig unschädlich.

Das untere Bild auf Tafel III ist nur zu Studienzwecken gezeichnet und soll keineswegs zur Nachahmung empfohlen werden. Hier ist der Drehpunkt nicht benutzt und ein so schlechtes Augenmaß angewandt worden, daß die Flächen entlang der K-Linie ganz überwiegend negativ sind. Die Folge davon ist ein gewaltiger Schlußfehler der S-Linie, die auf der Auftraglinie enden sollte. Da aber der Parabelzug flach bleibt, liefert selbst dieses Zerrbild keine wesentlichen Abweichungen in den Berichtigungsmaßen gegenüber der guten Lösung in der oberen Zeichnung.

Das Beispiel beweist, daß man mit dem Augenmaß nicht ängstlich zu sein braucht. Die Bogenenden müßten hier natürlich unter Berücksichtigung der großen Parallelverschiebung nach Abschn. 36 bestimmt werden.

Daß die Parabel *d—f* der unteren *S*-Linie in demselben Sinne gekrümmt ist wie die Hauptparabel und mit dieser keinen Inflexionspunkt hat, hat seinen Grund darin, daß die Parallelverschiebung größer ist, als daß sie durch die Drehung um ihre Mitte wieder aufgeholt werden könnte. Beide Halbsicheln liegen unterhalb des Entwurfs; darum hat auch die Hauptparabel keinen Kulminationspunkt (vgl. Abschn. 58).

Lehrreich ist die fast unzerstörbare rhythmische Verwandtschaft der beiden *S*-Linien; dieselben Wellenformen kehren trotz aller Verzerrungen stets wieder.

VII. Korbbogen.
(Hierzu Tafeln IV und V.)

52. Entwurf eines einheitlichen Halbmessers.

Die Tafel IV zeigt die Krümmungslinie eines Linksbogens im Maßstab 1:40 aus unverkürzten Pfeilhöhen. Den Halbmesser findet man als Schattenlänge eines Steigungsabschnittes von 2,5 cm Höhe (oder den doppelten Wert bei 5 cm Höhe). Durch Abschieben der *K*-Linie erkennt man, daß er zwischen 370 und 140 (!) m schwankt.

Der Versuch, den Bogen mit einem einheitlichen Halbmesser durchzuführen und vorschriftsmäßige Übergangsbogen einzulegen, ergibt die mit I bezeichnete obere Summenlinie. Der Drehpunkt ist nicht berechnet, daher der Schlußfehler, der nur eine mäßige Parallelverschiebung erfordert. Die Summenparabel ist flach; man hat eine durchaus annehmbare Lösung vor sich. Daß der Hauptbogen zwischen den inneren Enden der Übergangsbogen die *S*-Linie nur einmal schneidet und daher die tangentialen Verschiebungen zum Ausgleich der Spannungen im Gleis an dieser einen Stelle sich häufen, was zweifellos ungünstig ist, rührt davon her, daß die Gleislage bei km 4,99, wo der Halbmesser nur 140 m beträgt, in schlimmster Weise gestört ist. Es darf nicht unerwähnt bleiben, daß eine geometrische Absteckung von Tangenten aus oder durch Absetzung von Umfangswinkeln zu genau demselben Ergebnis führen würde.

Der Entwurf wird nicht durchführbar sein, weil Verschiebungen bis zu 75 cm erforderlich werden. Dafür wird der Raum auf dem Planum im allgemeinen nicht ausreichen.

53. Parabeln mit gemeinsamen Tangenten.

Die *S*-Linie II stimmt mit I vollkommen überein. Es ist aber ein Parabelzug darübergelegt worden, der die *S*-Linie häufig schneidet und sich nicht weit von ihr entfernt. Wie dieser zustande gekommen ist, möge an Abb. 38 erörtert werden.

Wenn man die strichpunktierte Steigung $A'-B'-C'$, die bei B' auch ungebrochen sein dürfte, bei B' anderweitig knickt, wenn man also einen anders gebrochenen Entwurf $A-B-C$ mit dem Knickpunkt auf der Ordinatenlinie von B' zeichnet und zu der verschränkten Fläche unter Zugrundelegung der wagerecht glatt gestreckten, strichpunktierten Steigung als Auftraglinie die Summenlinie bildet, so entsteht auf der Länge AD eine ansteigende, über ihrer Sehne stehende Parabel zweiten Grades. Sie kulminiert im Schatten des Punktes D und senkt sich dann in gleicher Krümmung abwärts; denn das Dreieck $DB'B$ ist negativ und wird von der Spitze her aufgelöst (vgl. Abb. 27). Das Dreieck $B'BE$ wird von der Basis her aufgelöst; die S-Linie sinkt weiter, aber mit entgegengesetzter Wölbung.

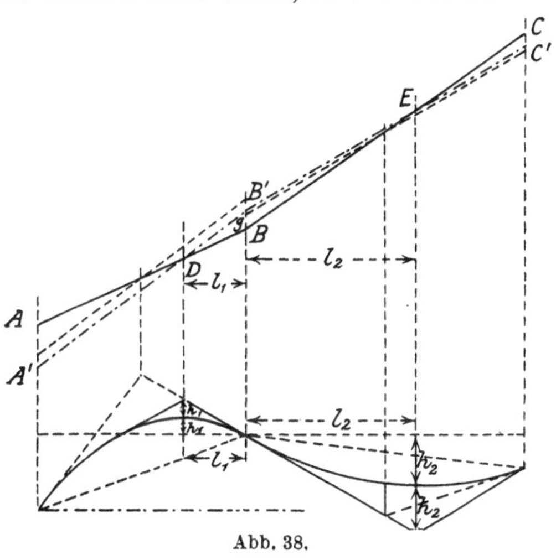

Abb. 38.

Auf der Ordinatenlinie von B bekommt die Kurve einen Inflektionspunkt; sie fällt bis zum unteren Kulminationspunkt auf der Länge des Schnittpunktes E und steigt dann wieder.

Die Parabelhöhen h_1 und h_2 drücken nach Abschn. 35 die Inhalte der Dreiecke DBB' und EBB' mit der gemeinsamen Grundlinie g und den Höhen l_1 und l_2 aus. Es muß sich also verhalten:

$$\frac{l_1 \cdot g}{l_2 \cdot g} = \frac{l_1}{l_2} = \frac{2h_1}{2h_2}. \tag{70}$$

Daraus folgt, daß die Parabeln eine gemeinschaftliche Tangente haben.

Der oberhalb der durch den Inflexionspunkt gezogenen Wagerechten liegende Teil der Parabel unter der Länge $A-B$ wird von der Pfeilhöhe h_1 symmetrisch geteilt. Man denke sich das Dreieck DAA' im Abstand l_1 links von D von einer Senkrechten durchschnitten, so stellte dieser Parabelteil die Auflösung der gleichen Scheiteldreiecke dar; das vorgelagerte Parabelstück wäre die S-Linie des trapezförmigen Restes. Die Funktion erleidet keine Unterbrechung. Man kann die ganze Parabel also zeichnen, wenn man die mittlere Ordinate zwischen A und B zum geometrischen Ort für den Schnitt der Haupttangenten wählt, wie gestrichelt angedeutet ist. Es ist demnach nicht nötig, den Drehpunkt D zu kennen. Die Parabelsehne drückt die erforderliche Parallelverschiebung aus (vgl. Abschn. 34). Die Sehne steigt; die Verschiebung ist also nach oben vorzunehmen, wie in der Zeichnung gestrichelt angedeutet. Die Sehne der zweiten Parabel fällt; das deutet auf eine Verschiebung nach unten. Auf der Ordinatenlinie von B wird die Funktion unterbrochen; die Endpunkte der Parallelen fallen nicht zusammen. Durch Drehung um die Mittelpunkte werden die Endpunkte bei B wieder zusammengezwungen, und das gerät nur dann, wenn die Parabeln eine gemeinsame Tangente haben.

Bei der zweiten Parabel unter BC fällt das symmetrisch zu h_2 liegende rechte Ende außerhalb der Zeichnung, weil das Dreieck ECC'' kürzer ist als EBB'. Man braucht dieses Ende nicht festzustellen, weil auch diese Parabel mit Hilfe des mitten zwischen den Ordinatenlinien von B und C liegenden Tangentenschnittes gezeichnet werden kann.

Zur Eintragung der berichtigten Entwurfsteigungen bei Korbbogen — sofern man sie für nötig hält — braucht man nach vorstehenden Ausführungen nicht erst die Parallelverschiebungen aus der Steigung der Sehnen zu ermitteln und diese um ihren Mittelpunkt zu drehen, sondern man findet auf der Ordinatenlinie des Kulminationspunktes jeder Parabel unmittelbar den Punkt, um den der ursprüngliche Entwurf zu drehen ist. Nur wenn eine Parabel keinen Kulminationspunkt hat, ermittelt man Parallelverschiebung und Drehung gesondert. Um den Kulminationspunkt flacher Parabeln zu bestimmen, halbiert man eine wagerechte Sehne.

54. Nur annähernder Flächenausgleich.

Bisher ist auf den strengen Flächenausgleich im Bilde der S-Linie Wert gelegt worden, um die mathematische Bedeutung des Evolventenverfahrens in das rechte Licht zu stellen. Die Aufgabe, die hier spielend gelöst wird, nämlich: einen fehlerhaft gekrümmten Bogen ohne Änderung seiner Länge in einen tadellosen Bogen zu verwandeln, ist mit einem anderen Verfahren bisher nicht gelöst worden und kann wegen der dazu nötigen, abschreckend verwickelten Rechnungen praktisch als unlösbar angesehen werden.

Der Anfänger wird zwar geneigt sein, die S-Linie mit der Länge des Parabelzuges zu vergleichen und jene stets für länger zu halten; aber diese Einstellung ist falsch. Auf allen bisher besprochenen Bildern sind die Längen des alten und neuen Bogens genau gleich.

Wenn man nach diesem Verfahren die Bogenlänge unverändert beibehalten kann, so ist damit nicht gesagt, daß man es in allen Fällen soll; es kann sogar erwünscht sein, die Länge etwas zu vergrößern oder zu verkleinern, nämlich wenn die Stoßlücken übermäßig klein oder groß sind; deshalb soll man im Feldbuch hierüber einen Vermerk machen (unter Berücksichtigung der Jahreszeit).

Im allgemeinen ist eine Änderung regelmäßiger Stoßlücken um je 2 mm für die Gleislage unschädlich. Man denke sich einen Gleisbogen b vom Halbmesser r, der n Schienen von je a Meter Länge umfaßt. Verändert man jede Schiene um 0,002 m Länge, so ändert sich die Bogenlänge um 0,002 n Meter. Man denke sich den Bogen nach außen oder innen verschoben, so daß der Zentriwinkel unverändert bleibt. Man hat einen Ringausschnitt (aus zwei konzentrischen Bogen), dessen Bogen sich verhalten wie die Halbmesser, also $b : (b \pm 0{,}02\, n) = r : (r \pm d)$, wenn d die Änderung des Halbmessers, d. h. die Breite des Ringes bezeichnet. Daraus folgt $b \cdot r \pm b \cdot d = b \cdot r \pm 0{,}02\, n \cdot r$ oder $b \cdot d = 0{,}002\, n \cdot r$ und $d = \dfrac{0{,}002\, n \cdot r}{b}$. Da aber $b = a \cdot n$, so wird $d = \dfrac{0{,}002\, r}{a} = \dfrac{2\, r}{1000\, a}$.

Wenn eine Stoßlückenänderung von 2 mm zulässig ist, so darf ein Gleis ohne Schaden um den Quotienten aus dem Durchmesser und der 1000fachen Schienenlänge ganz einseitig verschoben werden. Die Schienenlänge beträgt gewöhnlich 15 m, also darf man einen Bogen von 300 m Halbmesser um $\dfrac{600}{15000} = 0{,}04$ m, einen solchen von 1200 m Halbmesser aber schon um 0,16 m ganz einseitig verschieben.

Man erkennt daraus, daß man es mit dem Flächenausgleich im Bilde der S-Linie nicht gar zu genau zu nehmen braucht. Wenn wir uns aber im Folgenden mit einem annähernden Flächenausgleich begnügen, so soll damit nicht aus der Not eine Tugend gemacht werden. Man kann auch Korbbogen genau ausgleichen, wie die anhängende Formelsammlung erkennen läßt; es lohnt sich nur nicht.

55. Entwurf von Parabelzügen.

Der Parabelzug II auf Tafel IV ist folgendermaßen entstanden: Zunächst sind die Bogenenden B und K aus der K-Linie auf die Wagerechten durch die Endpunkte der S-Linie (b und k) projiziert worden. Dann kennzeichnet man mit weichem Bleistift die Ordinatenlinien der Parabelendpunkte C und J in der S-Linie. Bis hierhin müssen die äußersten Parabeln im Bilde der S-Linie reichen. Dann entwirft man je nach der Form der S-Linie ein Tangentengerippe und die Einzelparabeln, indem man berücksichtigt, daß 1. die äußersten Tangenten unbedingt bei den Punkten b und k der Wagerechten ansetzen müssen, daß 2. die Schnittpunkte der Tangenten mitten zwischen den Parabelenden liegen, und daß 3. die Parabelscheitel den Abstand zwischen

Tangentenschnitt und Sehne halbieren. Z. B. zeichnet man versuchs-
weise die Linie df; je nachdem man den Punkt d wählt, wird e bestimmt sein; denn die Schattenlänge von de muß gleich der von dc
werden. Punkt c liegt auch fest; denn er muß auf der Geraden bd und
auf der Lotlinie von C der K-Linie liegen. Halbiert man den Abstand
des Punktes d von der Sehne ce, so kann man leicht aus der Hand die
Parabel ce entwerfen, deren Scheiteltangente mit der Sehne gleichläuft. Mit wenigen Versuchen wird man zu einem befriedigenden Ergebnis kommen. Gleichartige Erwägungen leiten von f aus weiter
nach k.

An diesem Beispiel sollte gezeigt werden, wie man Parabelzüge mit
gemeinsamen Tangenten entwirft. Die Lösung an und für sich ist
durchaus minderwertig.

56. Untersuchung des Ergebnisses.

Der Entwurf eines einheitlichen Bogens ist durch den Parabelzug
im Bilde der S-Linie II nachträglich durch einen Korbbogen ersetzt
worden. Man kann aus den Abmessungen der Parabeln die Brechpunkte des Entwurfes ermitteln. (Vgl. Abschn. 53.) Man zeichnet die
Sehne ce, greift in 1 cm Entfernung von c oder e den Abstand der Tangenten von der Sehne ab, trägt ihn bei C der K-Linie nach oben ab,
zielt von dem erhaltenen Punkt auf den Punkt E der K-Linie (auf der
Ordinatenlinie von e) und schiebt diese Steigung gleichlaufend durch
den Schnitt der Lotlinie des Kulminationspunktes der Parabel mit dem
Entwurf in die K-Linie. Entsprechend verfährt man mit den Parabeln
eg und gi.

Die äußersten Parabeln ac und ik entspringen nicht aus Drehungen
der K-Linie, es sind die S-Linien für die in Abschn. 48 erwähnten Halbsicheln. Um sie darzustellen, muß man die berichtigten Steigungen
der Längenabschnitte ce und gi bis zu den Schnitten mit den Endwagerechten verlängern und in die neu entstandenen Winkel neue Parabeln einzeichnen. Der berichtigte Entwurf ist in der Zeichnung gestrichelt.

Wenn die Aufgabe gut gelöst sein soll, so müßte die auf Grund des
berichtigten Entwurfs aufgetragene S-Linie sich um die Auftraglinie
schlängeln. Der Versuch ist in der unteren Zeichnung III gemacht worden. Er erfüllt die Erwartungen nicht. Der Hauptteil auf dem Längen-
abschnitt von c bis i läßt sich allerdings auf eine ausgleichende gerade
Linie beziehen, deren Abstände von der S-Linie überraschend genau
mit den Abständen des Parabelzuges von der S-Linie II übereinstimmen.
(Diese gerade Linie hat in der Zeichnung auf der Länge des Punktes
e einen ganz schwachen Knick, der auf unvermeidliche Ungenauigkeit
bei Eintragung der Entwurfsverbesserung zurückzuführen ist.) Wenn

man aber aus den Verschiebungsmaßen der S-Linie II die äußeren Enden der Ausgleichlinie darstellt, so erhält man die schrägen Trapezseiten $a'c'$ und $i'l'$. Daraus ist zu schließen: man hat den ganzen, aus drei Teilen bestehenden Korbbogen (Linksbogen) um 47 cm bei c' und um 40 cm bei i' zu weit nach außen geschoben und die Übergangsbogen mit diesen großen Querfehlern von 47 und 40 cm belastet. Die Endordinate für einen 80 m langen Übergangsbogen zu einem Kreisbogen von 290 m, der hier am Anfang vorliegt, beträgt allerdings schon 3,68 m, und wenn man dieses Maß auf 3,68—0,47 = 3,21 m ermäßigt, so bleibt immer noch eine praktisch völlig ausreichende Parabel übrig. Dennoch kann man die Lösung nicht gut heißen, zumal man sie leicht besser machen kann, wie in Abschn. 57 gezeigt werden soll.

Am Bogenende JL ist die Halbsichel recht schmal; man hätte hier einen so starken Ausschlag nicht erwartet. Aber an dieser Stelle war schon der erste Entwurf ungünstig; denn von km 4,99 an sieht man nur positive Flächen. Man muß bei Eintragung des Entwurfs schon danach streben, den Flächenausgleich herbeizuführen. Das ist hier zwar geschehen in der Absicht, einen einheitlichen Bogen herzustellen und für diesen Zweck auch mit annehmbarem Erfolg, wie die S-Linie I zeigt; aber wenn man einen Korbbogen daraus machen wollte, hätte man auch die Übergangsbogen den anstoßenden Kreisbogenteilen besser anpassen müssen.

57. Entwurf mit mehreren Halbmessern.

Tafel V stellt dieselbe K-Linie dar wie Tafel IV. Als Entwurf ist ein gebrochener Linienzug mit 60 m langen Parabeln an den Enden eingetragen, um örtlich unmögliche Verschiebungen zu vermeiden. Die Brechpunkte liegen zum größten Teil nicht auf denselben Längen wie auf Tafel IV, diese ist nicht als Vorbild benutzt worden. Gleichwohl zeigt die S-Linie auffallende Ähnlichkeit mit jener. Man vergleiche die S-Linie III auf Tafel IV oder denke sich den Parabelzug II glatt gestreckt, so hat man auf Tafel V, abgesehen von den hier kürzer angenommenen Übergangsbogen, fast das gleiche Bild vor sich. Man kann, wie auf Tafel V unter I dargestellt, eine einzige Parabel über alle drei Bogenabschnitte spannen, um den genauen oder annähernden Flächenausgleich zu erreichen. Man kann aber auch, wie unter II dargestellt, Einzelparabeln mit gemeinschaftlichen Tangenten für die einzelnen Abschnitte zeichnen. Einzelparabeln dürfen die Höhe Null haben, d. h. gerade Linien sein (das Stück c—d), müssen aber in der Richtung der gemeinsamen Tangente der durch sie getrennten Parabeln liegen. Es ist auch zulässig, bei flacher Lage die Strecke des Übergangsbogens mit dem anschließenden oder mit mehreren Bogenabschnitten zusammenzufassen. Das ist hier zwischen d und f geschehen.

Man beachte: Jeder Wechselpunkt des Parabelzuges — das braucht kein Inflexionspunkt zu sein, es können auch gleichartig gekrümmte Parabeln zusammenstoßen — bedeutet die Einführung eines neuen Knickpunktes im Entwurf der K-Linie, wenn er nicht mit einem solchen zusammenfällt. Deshalb legt man die Wechselpunkte grundsätzlich auf die Ordinatenlinien der im Entwurf bereits vorgesehenen Knickpunkte.

Man soll einerseits bei Eintragung des Entwurfs notwendige Knickpunkte nicht sparen wollen, wenn eine verständige Abwägung der Flächen erkennen läßt, daß die Verschiebungen nach den örtlichen Verhältnissen nicht ausführbar sein werden, und man daher im Bilde der S-Linie die ersparten Knickpunkte in Gestalt von Parabelwechseln doch wird einführen müssen. Man soll aber andererseits keine offenbar entbehrlichen Knickpunkte in den Entwurf aufnehmen, wenn nur geringfügige Änderungen des Halbmessers, also flache Parabeln zu erwarten sind. Man kann im Entwurf vorgesehene Brüche durch Parabelzeichnungen nicht wieder ausmerzen, wohl aber kann man nachträglich solche Brüche einführen. Dieses ist oft nötig, um bestimmte Höchstverschiebungen nicht zu überschreiten; man kann jedes vorgeschriebene Maß einhalten. Wenn man alle 5 m den Halbmesser ändert, deckt sich der Entwurf mit der K-Linie, und das Gleis bleibt unverändert liegen. Jeder Einwand gegen das Verfahren, der die Größe der Verschiebungen ins Feld führt, ist daher verfehlt.

Hier ist wohl der Ort, darauf hinzuweisen, mit welcher Sicherheit man aus der Form der K-Linie sofort erkennt, an welchen Stellen Bogenwechsel nötig sind. Der Vergleich mit den bisher üblichen geometrischen Versuchen darf dem Leser überlassen bleiben.

58. Wirkung der Parabelwechsel auf den Entwurf.

An den folgenden Doppelbildern soll die Wirkung der Parabelformen auf den Entwurf erläutert werden. Das obere Bild stellt stets den Entwurf, das untere den Parabelzug in der S-Linie dar. Die K-Linien und S-Linien selbst sind nicht dargestellt. Es wird angenommen, daß im Bilde der S-Linie der im unteren Bilde dargestellte Parabelzug sich aus irgendwelchen Gründen als zweckmäßig oder notwendig erwiesen habe; daher beginnt die Betrachtung stets mit dem unteren Bild.

In Abb. 39 hängt eine Parabel unter einer von links nach rechts fallenden Sehne. Diese deutet auf eine Parallelverschiebung des gebrochenen Entwurfs nach unten; sie ist nicht dargestellt, da sie auf die Halbmesser (die Steigungsverhältnisse) keinen Einfluß hat. Die Parabel ist die S-Linie eines Dreiecks, das unter dem als Auftraglinie der Parabel glatt gestreckten Entwurf gelegen haben müßte. Streckt man den Entwurf zunächst glatt (ohne ihn indessen wagerecht zu legen), indem man ein Glied, etwa die gestrichelte Linie d—e, verlängert, so würde die Parabel eine solche Änderung des Steigungsverhältnisses verlangen, daß die Sohle a' des Dreiecks mit der Spitze e gleich dem in 1 cm Entfernung vom Berührungspunkt der Parabeltangente zwischen dieser und der Sehne zu entnehmenden Maß a würde (vgl. Abschn. 53). Jenes Dreieck erscheint nun im Entwurf selbst an dessen Knickpunkten gebrochen. Man hat also nur die im Verhältnis der Längen sich verjüngenden Sohlenbreiten der ähnlichen Dreiecke (b', c' usw.) an den Knickpunkten des Entwurfs (b, c usw.) anzutragen, um die endgültigen Steigungen und damit die Halbmesser zu erhalten.

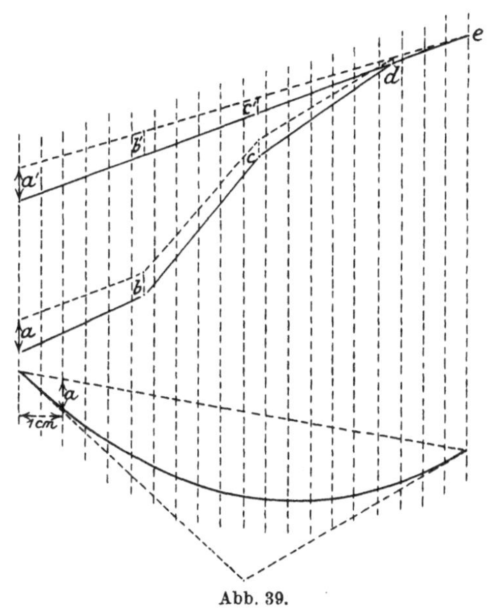

Abb. 39.

Um die Bogenenden richtig zu bestimmen, muß man den Steigungsabschnitt, auf den der Kulminationspunkt der Parabel entfällt, durch den Schnitt dieser Steigung mit der Lotlinie des Kulminationspunktes gleichlaufend verschieben und die übrigen Steigungsabschnitte der Reihe nach durch Parallelverschiebung anstücken.

Es versteht sich von selbst, daß man die Maße b, c usw. leicht berechnen kann, wenn die zeichnerische Ermittlung wegen der Ausdehnung des Gesamtbildes unbequem würde oder ungenau zu werden droht.

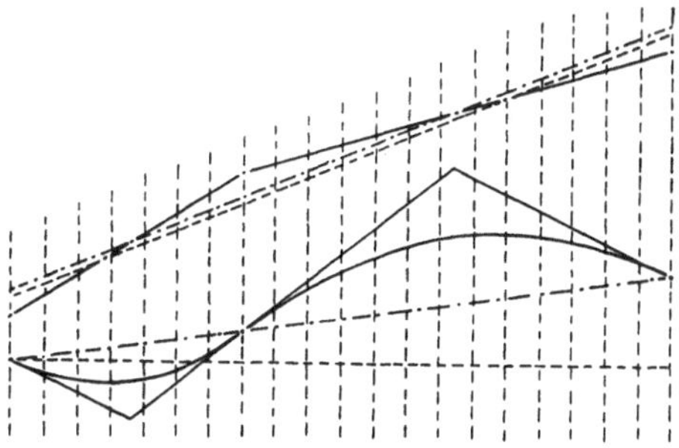

Abb. 40 veranschaulicht

Abb. 40.

den Fall, daß eine einheitliche Steigung, die ein Teil eines Korbbogens sein kann, nachträglich gebrochen wird. In der S-Linie ist eine Doppelparabel notwendig geworden, deren Inflexionspunkt auf der Sehne liegt. Diese deutet auf eine Parallelverschiebung des Entwurfs nach oben, weil sie steigt; die einzelnen Parabeln deuten auf

Drehungen der Teile, und zwar ist der erste Teil rückläufig gedreht, weil die Parabel unter der Sehne hängt, der zweite aber rechtläufig, weil die Parabel über der Sehne steht. Da die Parabeln eine gemeinsame Tangente haben, wird der Zusammenhang des Entwurfs nicht gestört. Die Zeichnung ist, wie mehrere in diesem Abschnitt unmaßstäblich und soll nur die richtige Vorstellung erwecken.

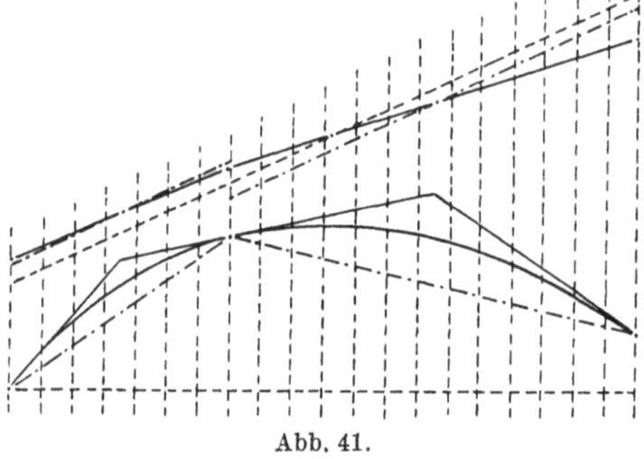

Abb. 41.

Abb. 41 zeigt, daß die Einzelparabeln nicht auf der Sehne zusammenzustoßen, auch keinen Inflexionspunkt zu haben brauchen, sondern in gleichem Sinne gekrümmt sein können. Die Sehnen der Einzelparabeln sind aufzufassen als Wirkungen von Parallelverschiebungen der einzelnen Abschnitte, und zwar ist der erste Abschnitt (steigende Sehne) nach oben, der zweite (fallende Sehne) nach unten verschoben. Dann sind diese Parallelen beide rechtläufig gedreht, weil beide Parabeln über ihren Sehnen stehen. Die Endpunkte auf der Ordinatenlinie des Parabelwechsels fallen wieder zusammen, weil

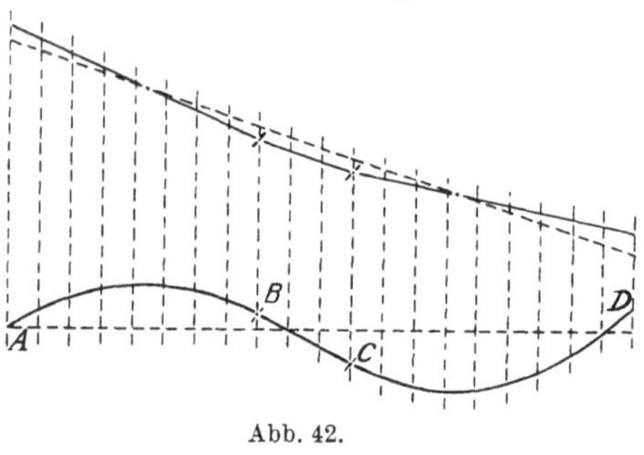

Abb. 42.

die Parabeln eine gemeinsame Tangente haben. Hier liegt der Fall vor, daß eine Parabel — die erste — keinen Kulminationspunkt hat; das hat seinen Grund darin, daß die Drehung der Parallelverschiebung um ihren Mittelpunkt nicht groß genug ist, um zu einer Überschneidung der berichtigten mit der ursprünglichen Entwurfsteigung zu führen.

In Abb. 42 wurde auf einer als einheitliche Steigung entworfenen Strecke der Linienzug A—B—C—D notwendig. A—B und C—D

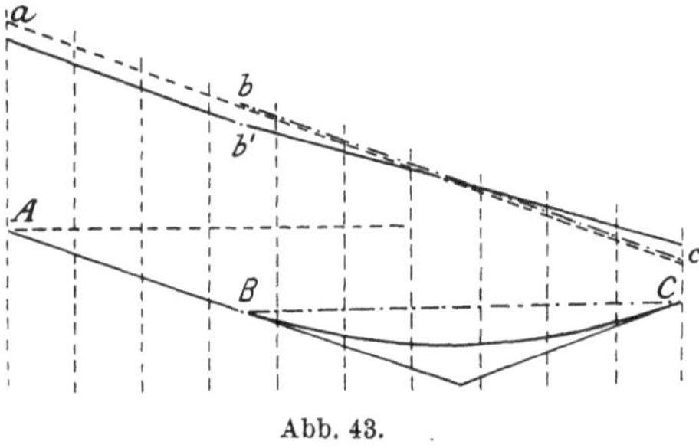

Abb. 43.

sind Parabeln, deuten also Drehungen an, aber das Stück B—C ist gerade, und zwar schräg, deutet demnach auf gleichlaufende Verschiebung. Der einheitliche Halbmesser des ursprünglichen Entwurfs ist durch einen dreifachen Korbbogen ersetzt.

Auf den Unterschied zwischen schräger und wagerechter Geraden ist wohl zu achten. In Abb. 43 geht die Gerade A—B schräg abwärts, die Parabelsehne BC steigt aufwärts, also ist die Strecke ab parallel nach unten, bc parallel nach oben verschoben worden. Sodann ist die Parallele zu bc um ihre Mitte gedreht, aber die zu ab ist nicht gedreht. Durch die Drehung ist der zweite Streckenteil an den Endpunkt b der ersten Parallelen angekoppelt worden.

In Abb. 44 liegt dagegen die Gerade AB wagerecht; der Entwurf ist auf dieser Strecke weder parallel verschoben noch gedreht, sondern unverändert gelassen worden. Die Parabel BC mit steigender

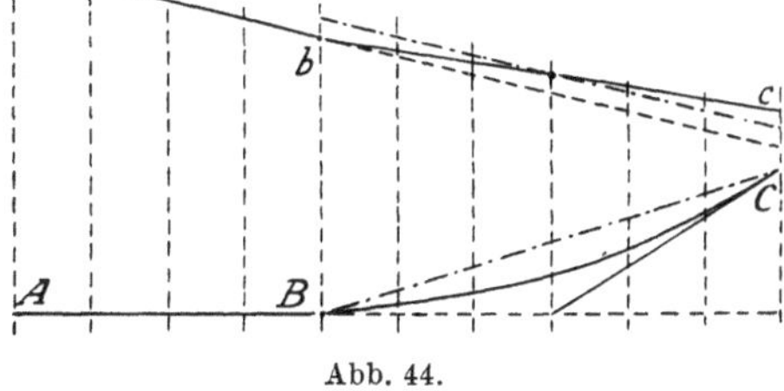

Abb. 44.

Sehne ist·wieder als Wirkung einer Parallelverschiebung nach oben mit rückläufiger Drehung aufzufassen. In diesem Falle kulminiert die Parabel in ihrem Anfangspunkt; daher bildet die berichtigte mit der ursprünglichen Entwurfsteigung keine Scheiteldreiecke, sondern die Dreieckspitze ist die Ablenkungsstelle.

59. Übergangsbogen bei Halbmesserwechsel.

Wenn die Halbmesser eines Korbbogens erheblich verschieden sind, ist zwischen die Bogenabschnitte je ein Übergangsbogen einzuschieben, der die Rampe zwischen den abweichenden Überhöhungen aufnehmen soll.

Den Krümmungshalbmesser der kubischen Parabel an jeder beliebigen Stelle kann man auf einfachste Weise ermitteln, indem man die Richtung der Berührungslinie an der entsprechenden Stelle der quadratischen Parabel (die die K-Linie der kubischen Parabel darstellt) abschiebt und in der Millimeterteilung abliest, wie das mit anderen geradlinigen Steigungen geschieht.

Die in Abb. 45 dargestellte Steigung bi stelle die K-Linie für einen Bogen vom Halbmesser r_1 ($= 300$ m) dar; in den Winkel abc schmiegt sich als Parabel zweiten Grades die K-Linie für den (80 m langen) Übergangsbogen. Der Krümmungshalbmesser für einen beliebigen Punkt wird durch die Tangentensteigung ausgedrückt. Diese läßt sich sehr scharf feststellen, wenn man die Subtangente gleich der halben Abszissenlänge macht (vgl. Abschn. 30, Abb. 23). Umgekehrt kann man durch Anschieben jeder beliebigen Steigung, die sanfter als bi ist, erkennen, an welchem Punkt die Parabel den entsprechenden Krümmungshalbmesser hat, wiederum mit Benutzung der Subtangente.

Ist der flachere Halbmesser des folgenden Bogenabschnittes r_2 (= 700 m; die Zeichnung ist nicht maßstäblich), und findet man durch Anschieben der diesem Halbmesser entsprechenden Steigung den Punkt d, so liegt es nahe, zwischen die Gerade (Tangente) und den Bogen r_2 die Parabel ad einzuschalten, den Rest der Parabel (dc) aber als Übergang aus dem Bogen r_2 in den Bogen r_1 zu verwerten. Wenn der Halbmesser r_1 bei f beginnen soll, zeichnet man in den Winkel bei f die Parabel gh, die genau gleich der Parabel dc wird.

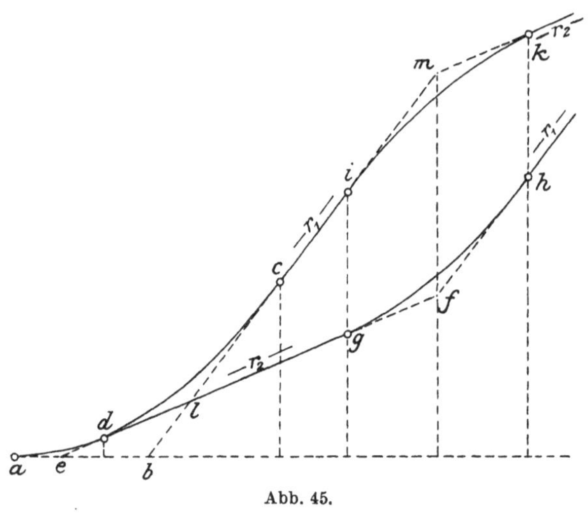

Abb. 45.

Beginnt dagegen der Bogen mit dem schärfer gekrümmten Bogen r_1, so kommt diesem die volle Parabellänge ac zu, und in dem Brechungswinkel zwischen r_1 und r_2 erscheint die Parabel ik als Spiegelbild der Parabel gh.

Wenn nämlich auf einen flachen Bogen, der zur Einschaltung des Übergangsbogens von seiner Tangente um ein Maß f_1 nach innen abgerückt werden muß, ein schärferer Bogen folgt, so muß zur Einschaltung des weiteren Übergangsbogens der zweite Bogen um ein weiteres Maß f_2 nach innen verschoben werden. Die Evolventen werden fernerhin um $f_1 + f_2$ größer. Dem entspricht der Linienzug $adgh$; denn beide Parabelwinkel sind positiv, wirken also vergrößernd auf die Evolventen. Wenn dagegen auf einen scharfen Bogen, der um ein Maß f_1 nach innen abgerückt ist, ein flacher Bogen folgt, so muß dieser von dem vorhergehenden Bogen nach außen um ein Maß f_2 verschoben werden, um Raum für die Parabel zu schaffen. Dadurch werden die bisher um f_1 vergrößerten Evolventen innerhalb des zweiten Bogens um f_2 verkleinert, so daß sie insgesamt nur um $f_1 - f_2$ größer bleiben, als die Evolventen dieses Korbbogenteils sein würden, wenn keine Übergangsbogen vorhanden wären. Dem entspricht die Darstellung des Linienzuges *acik*; denn hier wirkt der Parabelwinkel *abc* ($= f_1$) zwar positiv, der Winkel *imk* ($= f_2$) aber negativ auf die Flächen, die die weiteren Evolventen ausdrücken.

Die Meinung, daß die Summe der beiden Verschiebungen $f_1 \pm f_2$ gleich dem Wert f sei, den der kleinere der beiden Halbmesser zur Überleitung in die Gerade fordert, ist irrig. Wie Abb. 45 zeigt, sind die Parabelwinkel *aed* und *gfh* zusammen nicht gleich der Fläche *adcba*, sondern um das Dreieck *elb* kleiner. Das ergibt sich auch aus der geometrischen Betrachtung der Abb. 46. (Diese ist unmaßstäblich. Die Formeln für den Übergangsbogen gelten nur unter der Voraussetzung, daß die Parabel so flach gekrümmt ist, daß ihre Länge gleich der Abszisse gesetzt werden kann. Unter dieser Bedingung ließe sich die Zeichnung in kleiner Form nicht darstellen, ohne undeutlich zu werden;

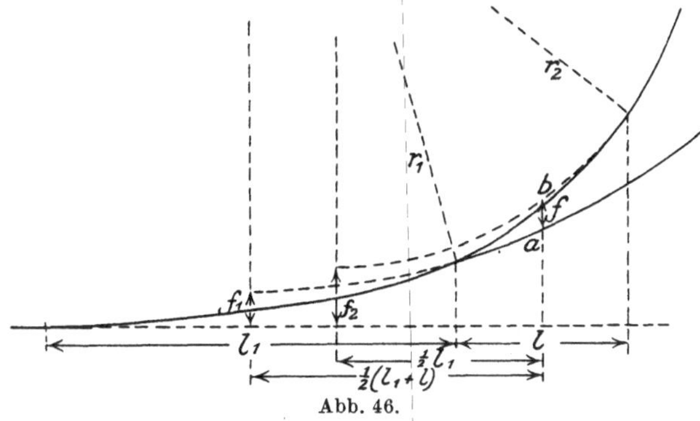

Abb. 46.

die nötige Verzerrung führt zu Widersprüchen, z. B. soll der Bogen r_1 mit der Parabel eine gemeinsame Tangente haben, es soll auch die Höhe des Berührungspunktes das Vierfache von f_1 sein usw.)

Die Längen l_1 und $l_1 + l$ müssen sich verhalten wie die Krümmungen an ihren Endpunkten, also umgekehrt wie die Halbmesser.

$$l_1 : (l_1 + l) = \frac{1}{r_1} : \frac{1}{r_2} = \frac{r_2}{r_1} \tag{71}$$

$$l_1 : l = r_2 : (r_1 - r_2) \tag{72}$$

$$l_1 = \frac{l \cdot r_2}{r_1 - r_2} \tag{73}$$

$$l_1 + l = \frac{l \cdot r_1}{r_1 - r_2}. \tag{74}$$

Das Maß f ist der Unterschied der Evolventen für die Punkte *a* und *b*, die sich zusammensetzen aus den Werten f_1 und f_2 und den darauf gebauten Kreisevolventen.

$$f = f_2 + \frac{\left(\frac{l_1}{2}\right)^2}{2\,r_2} - f_1 - \frac{\left(\frac{l_1 + l_2}{2}\right)^2}{2\,r_1} \tag{75}$$

$$f = \frac{(l_1 + l)^2}{24\,r^2} + \frac{l_1^2}{8\,r_2} - \frac{l_1^2}{24\,r_1} - \frac{(l_1 + l)^2}{8\,r_1} \tag{76}$$

Setzt man die Werte aus den Gl. (73) und 74 ein, so entsteht:

$$f = \frac{1}{24\,r_2}\left[\frac{l^2 \cdot r_1^2}{(r_1 - r_2)^2} + \frac{3\,l^2 \cdot r_2^2}{(r_1 - r_2)^2}\right] - \frac{1}{24\,r_1}\left[\frac{l^2 \cdot r_2^2}{(r_1 - r_2)^2} + \frac{3\,l^2 \cdot r_1^2}{(r_1 - r_2)^2}\right] \tag{77}$$

$$f = \frac{l^2}{24\,r_1 \cdot r_2\,(r_1 - r_2)^2}\,[r_1^3 + 3\,r_2^2 \cdot r_1 - r_2^3 - 3\,r_1^2 \cdot r_2] \tag{78}$$

$$f = \frac{l^2 \cdot (r_1 - r_2)^3}{24\,r_1 \cdot r_2\,(r_1 - r_2)^2} \tag{79}$$

$$f = \frac{l^2\,(r_1 - r_2)}{24\,r_1 \cdot r_2}\,. \tag{80}$$

Nach der allgemeinen Formel $f = \dfrac{l^2}{24\,r}$ (vgl. Taschenbuch von Sarrazin und Oberbeck) ist $r = \dfrac{r_1 \cdot r_2}{r_1 - r_2}$ derjenige Halbmesser, nach dem der Wert f berechnet werden müßte.

Dieser Wert stellt sich nach dem Evolventenverfahren folgendermaßen dar: Legt man nach Abb. 47 die Steigung $A\,W$ für den Halbmesser r_1 als $A\,W'$ wagerecht und trägt die vierfache Parabelhöhe $B\,C$ ($= 4\,h$) als $D\,E$ an die Wagerechte durch den Parabelanfang, so würde eine Parabel in dem Winkel $A\,W'E$ die gleiche Höhe $h = \frac{1}{4}\,D\,E = \frac{1}{4}\,B\,C$ haben, also auch denselben Parabelwinkel herausschneiden wie die gestreifte Fläche. Zieht man noch die Wagerechte $W\,F$, so ist $D\,E = B\,F - C\,F$. Ist der Maßstab 1 : 20, so kann man die Halbmesser ablesen

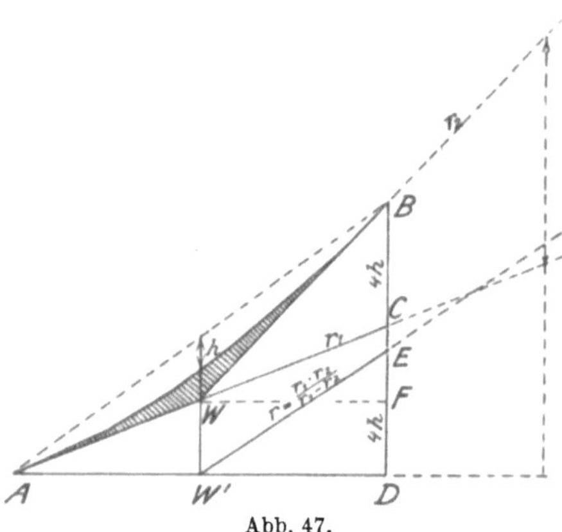

Abb. 47.

als Schattenlängen von 5 cm Steighöhe. Man kann demnach setzen: $B\,F : \dfrac{l}{2} = 5 : r_2$ und $C\,F : \dfrac{l}{2} = 5 : r_1$, ebenso $D\,E : \dfrac{l}{2} = 5 : r$ (genauer überall $\dfrac{r}{10}$ oder $\dfrac{r}{10\,000}$, aber das ist nur eine Frage des Längenmaßstabes). Man erhält: $\dfrac{l}{2} \cdot \dfrac{5}{r} = \dfrac{l}{2} \cdot \dfrac{5}{r_2} - \dfrac{l}{2} \cdot \dfrac{5}{r_1}$ oder $\dfrac{1}{r} = \dfrac{1}{r_2} - \dfrac{1}{r_1}$

$= \dfrac{r_1 - r_2}{r_1 \cdot r_2}$ und $r = \dfrac{r_1 \cdot r_2}{r_1 - r_2}$. Die Steigung $W'E$ stellt demnach die K-Linie des oben ermittelten Halbmessers r dar. Man wird ihn gar nicht zu berechnen brauchen, auch $W'E$ nicht zeichnen, sondern nur feststellen, in welchem Längenabstand von W die Steigungen für r_1 und r_2 den Höhenabstand von 5 cm haben, wenn der Maßstab 1 : 20 ist (sonst bei entsprechender Höhe gemäß Abschn. 40). Zu dem Zweck schiebt man die steilere Steigung durch einen Netzknoten und die sanftere durch den 5 cm höher bzw. tiefer liegenden Knoten derselben Lotlinie; der Abstand des Schnittes von dieser Lotlinie ist $\dfrac{r}{10\,000}$.

Wo feste Längenstufen für die Parabeln vorgeschrieben sind, wird man hiernach mühelos die geeignete Längenstufe ermitteln. Es versteht sich von selbst, daß sich dann die Längen nicht zu der Länge, die der schärfste Bogen verlangt, ergänzen.

VIII. Gegenkrümmungen.
(Hierzu Tafeln VI und V.)

60. Die Messung der Pfeilhöhen.

Gegenkrümmungen, sogenannte S-Bogen, behandelt man zweckmäßig im Zusammenhange. Die Einteilung der Schiene in 5-m-Abschnitte wird durch die Zwischengerade durchgeführt; aber die Markenbezeichnung geht auf dieser Strecke auf die andere Seite derselben Schiene über. In meiner Schrift „Die Berichtigung der Krümmung in Gleisbogen" vom Jahre 1914 hatte ich empfohlen, mit der Messung auf die andere Schiene desselben Gleises überzugehen, weil die Fahrkante die maßgebliche Linie ist, die ausgeglichen werden soll. Die seitdem gemachten Erfahrungen haben gelehrt, daß man besser bei derselben Schiene bleibt. Die Zwischengeraden sind nämlich oft so kurz und so fehlerhaft, daß die Pfeilhöhe Null überhaupt nicht auftritt; dann aber werden die Außenenden einer annähernd geraden Strecke von 20 m Länge manchmal von den Spurerweiterungen so stark beeinflußt, daß man nirgendwo eine Stelle findet, an der die Pfeilhöhen beider Schienen genau übereinstimmen. Man kann sich zwar durch Mittelung helfen, aber wenn man die gleiche durchlaufende Schiene benutzt, wird man stets leicht eine Stelle finden, an der innen und außen der gleiche Pfeilhöhenwert, nur mit entgegengesetzten Vorzeichen, meßbar ist. Bei der Absteckung muß man selbstverständlich von derselben Schienenkante ausgehen oder die Stärke des Schienenkopfprofils in Rechnung stellen.

Bei der Aufnahme achte man darauf, daß die positive und negative Ablesung, die innen und außen an derselben Stelle gemacht worden sind (falls der Wert Null nicht auftritt), nicht als aufeinanderfolgende Ablesungen angeschrieben werden. Man bringe im Feldbuch einen deutlichen Vermerk über die Wechselstelle an.

Bei der Bildung der Pfeilhöhensummenreihe gelten für alle auf die Wechselstelle folgenden Pfeilhöhen die umgekehrten Vorzeichen; etwa vorkommende, negativ gemessene Pfeilhöhen werden zugezählt, die positiven dagegen von der jeweils erreichten Summe abgezogen. Die K-Linie wechselt also die Richtung.

61. Der Abwicklungsvorgang.

Da hier scheinbar eine Abwicklung des zweiten Bogens nach innen vorliegt — die es nicht gibt —, wird eine Gegenüberstellung des

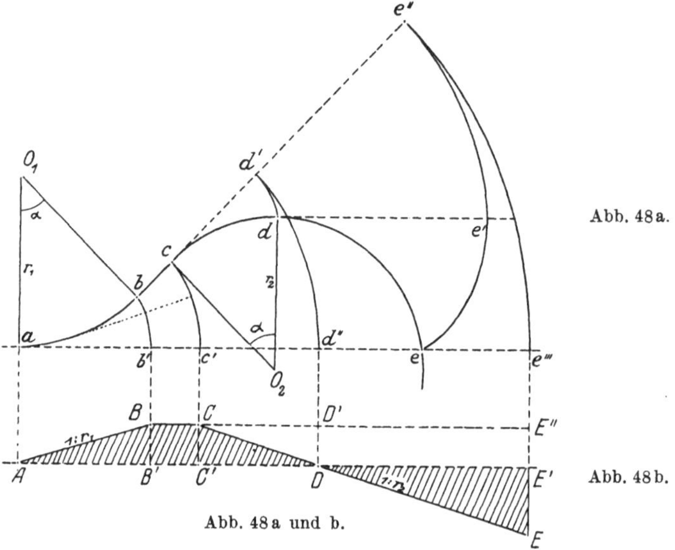

Abb. 48a und b.

geometrischen Bildes (Abb. 48a) mit dem K-Linienbild (Abb. 48b) willkommen sein.

Der Bogen ab vom Halbmesser r_1 krümmt sich nach links von der Tangente durch a ab; die K-Linie AB steigt. Die Höhe BB' drückt den Zentriwinkel α aus (s. Abschn. 14 und 20). Die Fläche ABB' drückt die Evolvente bb' aus (als Länge eines Flächenstreifens, wie in Abschn. 18 erläutert)

Die Strecke bc ist gerade, die Pfeilhöhen werden gleich Null; die Höhe Σh wächst nicht weiter; die K-Linie BC wird wagerecht (man denke sich die Pfeilhöhen an unendlich kleinen Bogenabschnitten gemessen, so daß von den bei Sehnen von endlicher Länge auftretenden parabolischen Ausrundungen abzusehen ist). Man stelle sich die Abwicklung des Fadens von einer Scheibe vor, wie in Abschn. 10 dargestellt.

Der Knoten c des Fadens beschreibt den Bogen cc', den man als konzentrisch mit bb' bezeichnen würde, wenn dieser Bogen einen festen Mittelpunkt hätte; der Krümmungsmittelpunkt gleitet aber während der Abwicklung von b nach a zurück. Die punktierte Lage des Fadens stellt eine „Momentaufnahme" dar. Denkt man sich die Abwicklung um ein unendlich kleines Bogenstück auf cc' fortgesetzt, so kann man dieses und das entsprechende Bogenstück auf bb' als konzentrisch betrachten; die Bogen verhalten sich wie ihre Halbmesser; sie sind gleich den Produkten aus dem im Bogenmaß zum Halbmesser Eins ausgedrückten Drehungswinkel und ihren Krümmungshalbmessern. Der Bogen auf cc' ist demnach größer als das ihm entsprechende Bogenstück auf bb' um das Produkt aus dem Drehungswinkel und dem Unterschied der Halbmesser; dieser aber ist an jeder Stelle gleich bc. Denkt man sich den ganzen Bogen cc' aus solchen unendlich kleinen Abschnitten zusammengesetzt, so kommt man zu dem Ergebnis, daß der ganze Bogen cc' um $\alpha \cdot bc$ größer ist als bb', daß also der Evolventenzuwachs von b bis c gleich $\alpha \cdot bc$ ist. α drückt sich aber in Abb. 48b durch die Höhe BB' aus. Das Produkt ist demnach das Rechteck $BCC'B'$. Die Evolvente des Linienzuges abc ist die Trapezfläche $ABCC'A$.

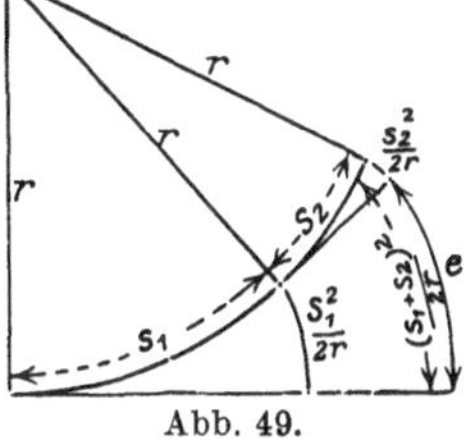

Abb. 49.

Da die Bearbeitung schwieriger Probleme eine durchaus klare Vorstellung des Abwicklungsvorgangs erfordert, möge noch eine etwas andere Betrachtung hier Raum finden. Man denke sich die Gerade bc entstanden durch Glattstreckung eines über ab hinausreichenden Bogenteils vom Halbmesser r und der Länge bc. Es entsteht die Abb. 49. Der Bogen s_2 ist schon abgewickelt; die Evolvente ist nach Abschn. 12 gleich $\frac{s_2^2}{2r}$. Die Evolvente des ganzen Bogens ist $\frac{(s_1 + s_2)^2}{2r}$; folglich der Evolventenbogen $e = \frac{(s_1 + s_2)^2}{2r} - \frac{s_2^2}{2r}$. Die Evolvente des Bogens s_1 ist aber $\frac{s_1^2}{2r}$, demnach die Zunahme der Evolvente für die glatt gestreckte Länge s_2 gleich $e - \frac{s_1^2}{2r} = \frac{s_1^2 + 2s_1 s_2 + s_2^2}{2r} - \frac{s_2^2}{2r} - \frac{s_1^2}{2r} = \frac{s_1 \cdot s_2}{r}$.

Nun ist aber $\frac{s_1}{r}$ nichts anderes als die Höhe BB'; denn die Steigungslinie stellt die Bindungsform $y = \frac{x}{r}$ dar (vgl. den vorletzten Absatz des Abschn. 59, wonach $y : x = 1 : r$; daher die Bezeichnung „Krümmungslinie"). Da $s_2 = bc = BC$ in Abb. 48, ist die Evolventenzunahme $BB' \cdot BC$.

Auf die Gerade bc der Abb. 48 folgt ein nach rechts ablenkender Bogen cde; die K-Linie CDE fällt. Um den Längenpunkt D zu finden, wickelt man den Bogen cd nach der Tangente in der Richtung bc ab; man erhält die Evolvente dd'; es ist cd' gleich dem Bogen cd. Dann denkt man sich die Länge cd' in die Abwicklung des Bogens ab einbezogen, wie es vorhin mit der Geraden bc geschah. Dadurch entsteht der Evolventenbogen $d'd''$, und die Länge ad'' ($= AD$) ist nun gleich der Länge des Linienzuges $abcd$. Der Evolventenzuwachs für das Stück cd' drückt sich aus in der Fläche des Rechtecks $CD'DC'$. Der Evolventenzuwachs für den Bogen cd allein muß aber um die Evolvente dieses Bogens nach cd' hin kleiner sein, und diese Evolvente findet ihren Ausdruck in der Fläche $CD'D$. Zieht man sie ab, so verbleibt als Zuwachs der Evolvente für den Bogen cd das Dreieck $CC'D$ übrig, so daß $ABCDA$ die Evolvente für den Linienzug $abcd$ ausdrückt. Wenn d der Kulminationspunkt des Bogens r_2 zur Wagerechten ad'' ist, so ist in diesem Punkte der Drehungswinkel $co_2d = ao_1b = \alpha$; man hat den Bogen r_2 um den gleichen Winkel nach links abgewickelt, um den der Bogen r_1 nach rechts abgewickelt worden war. Die Winkel heben sich gegenseitig auf; die Höhe des Schaubildes 48b wird gleich Null, der Punkt D liegt auf der Wagerechten. Wenn auch der Drehungswinkel von c an abgenommen hat, was sich in der Abnahme der Höhen von C nach D äußert, so ist doch die Evolvente des Gesamtlinienzuges immer noch gewachsen; die Fläche hat um das Dreieck $CC'D$ zugenommen. Erst vom Kulminationspunkt d ab vermindert sich auch die Evolvente; die weiterhin sich entwickelnde Fläche liegt unterhalb der Wagerechten; sie wird negativ. Die Evolvente wird gleich Null, wenn die negative Fläche DEE' gleich der positiven $ABCD$ wird. An diesem Punkte schneidet der Bogen r_2 die Anfangstangente des Bogens ab. Die negative Fläche drückt die Evolvente des Bogens de nach der Scheiteltangente (im Kulminationspunkt d) aus, also den Bogen ee'. Man kann die Abwicklung wieder wie oben auffassen als eine solche des ganzen Bogens ce nach der Tangente bc hin, die den Bogen ee'' liefern würde, der seinen Ausdruck fände in der Fläche $CE''EC$, und eine rückläufige Abwicklung $e''e'''$ des Linienzuges abe'', deren Flächenausdruck $ABE''E'A$ wäre. Die Wagerechte AE' stellt den glatt gestreckten Linienzug $abcde$ vor.

Wenn im folgenden der Kürze halber von Evolventen und Evolventenflächen gesprochen wird, so sind diese Ausdrücke in dem vorstehend erörterten Sinne aufzufassen.

62. Die Berechnung der Trapezform.

Die Tafel VI stellt in der oberen Zeichnung I die K-Linie eines S-Bogens (1 : 20) dar. Die Zwischengerade liegt sehr schlecht; die fallende K-Linie des Rechtsbogens wird mehrfach von Hebungen unterbrochen, weil negative Pfeilhöhen gemessen wurden. Die Randlinie des gesamten Höhenbildes soll durch eine Trapezform nach Art der Abb. 48 b ersetzt werden. Wollte man beide Bogen getrennt behandeln, so würde man wegen der Wahl der Wagerechten, die der Zwischengeraden entsprechen soll, in Verlegenheit sein; denn die K-Linie kommt von km 8,03—8,12 gar nicht zur Ruhe; nur bei km 8,08 wurde ein einziges Mal die Pfeilhöhe Null gemessen.

Das als Entwurf einzuzeichnende Trapez muß mit der Höhe 1,3 cm über der Auftraglinie enden, denn die K-Linie endet mit dieser Höhe. Irgendwo hinter km 8,2 muß man in den alten Zustand einmünden, und bei diesem noch unbekannten Punkt muß der Evolventenunterschied Null, also die Fläche zwischen der zu entwerfenden Trapezform und der Auftraglinie gleich der Fläche zwischen K-Linie, Auftraglinie und Endordinate werden. Man zeichne eine Rechenfigur, Abb. 50. Den Inhalt der Fläche $abcde$ verschafft man sich durch Addition der Werte Σh des Feldbuchs (doppelte Fläche) unter Beachtung der Ausführungen in Abschn. 46 über die Feststellung der Endordinatenlinie dieser Fläche.

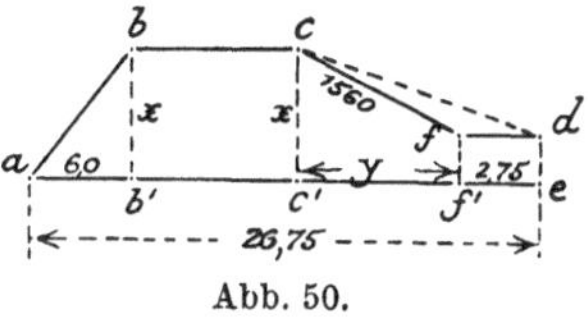

Abb. 50.

Die Fläche endet bei km 8,225; die letzte in die Flächenrechnung mit aufgenommene Auftragung betrug 1,3 cm bei km 8,2225. Von hier an bleibt die K-Linie wagerecht; man kann — und das ist manchmal angezeigt — beliebig oft 1,3 cm hinzutun, muß dann aber bedenken, daß der rechte Rand der Fläche entsprechend nach rechts verlegt wird und stets der Auftragung 2,5 mm vorauseilt.

Die Flächenbestimmung aus den Pfeilhöhensummen ist viel genauer, als der Zweck erfordert, man kann daher die kleinen Änderungen, die etwa durch Berichtigung der K-Linie an den Bogenenden nach Abschn. 26 vorgenommen worden sind, unberücksichtigt lassen; man kann sie aber auch mit dem Zirkel abgreifen. Die Aufrechnung ergab in diesem Falle 1408,6 mm = 140,9 cm bis km 8,225.

Die Überlegung nimmt nun folgenden Gang:

Am Bogenanfang bei km 7,97 fehlt der Übergangsbogen. Die mittlere Krümmung des Linksbogens ist rund 550 m. Der Übergangsbogen müßte nach den preußischen Vorschriften 60 m lang werden. Da aber die Höhenentwicklung bis zur Randlinie bc der Abb. 50 nur etwa 3,5 cm betragen darf, wenn die Zwischengerade einigermaßen ihre alte Lage beibehalten soll, würde die Schattenlänge einer Steigung für 550 m Halbmesser nur rund 4 cm lang sein. Die Hälfte des Übergangsbogens würde $\frac{3}{4}$ davon beanspruchen, und es bliebe nicht Raum genug übrig, um zwischen den Bogen und die folgende Zwischengerade einen vorschriftsmäßigen Übergangsbogen zu legen. Man muß sich also wohl oder übel entschließen, beide Parabeln auf je 40 m zu verkürzen. Dann schon würde der Bogen völlig in Parabeln aufgelöst; es würden zwei aus Auf-

lauf und Ablauf bestehende Überhöhungsrampen unmittelbar an-
einanderstoßen. Das ist zulässig, wenn auch nicht erwünscht. Die
Rampen würden erheblich steiler, als sie nach den Vorschriften sein
sollen.

Man wird weiter überlegen: wenn man sich schon mit Parabeln begnügen muß, ohne ein Kreisstück dazwischenzulegen, so läßt sich vielleicht vermeiden, sie bis zu dem kleinen Krümmungshalbmesser von
550 m gelangen zu lassen. Dreht man die (vorläufig mit Bleistift gezeichnete und auf der Tafel nicht dargestellte) Steigung rechtläufig um
ihren Mittelpunkt, so wird sie flacher, die Enden gleiten nach außen; die
Schattenlänge der 3,5 cm hohen Steigung wächst, man gewinnt Raum,
die Parabeln länger, die Rampen sanfter zu gestalten. Allerdings kann
nun von einem Flächenausgleich im Bilde der S-Linie keine Rede mehr
sein, diese wird sich als Beutel unter die Auftraglinie hängen, ungefähr
in der Mitte wird eine große Verschiebung nach links nötig werden. Ist
diese wegen örtlicher Hindernisse nicht möglich, oder liegt etwa kurz
vor km 7,97 eine Weiche, die eine Verlegung des Bogenanfangs nach
links verbietet, dann muß man — wenigstens am Anfang — auf eine Parabel verzichten. Daß man in diesem Falle auch mit keinem anderen
Verfahren eine größere Verbesserung der Lage erzielen würde, versteht
sich von selbst.

Hier möge angenommen werden, daß keine örtlichen Hindernisse
vorliegen. Die Schattenlänge der ersten Steigung soll 6 cm lang werden,
damit die Parabeln je 60 m lang werden können. Der Halbmesser —
der nur in einem Punkte erreicht wird — wird dann rund 850 m betragen.

Man betrachte den Rechtsbogen. Mit Hilfe einer in durchsichtiges
Zellhorn geritzten Linie läßt sich eine bei km 8,1975 endende Steigung
von 1560 m Halbmesserangabe unter Berücksichtigung der einzuschaltenden, je 4 cm langen Parabeln als günstig erkennen. Man ergänzt
die Rechenfigur (Abb. 50) durch Eintragung des Punktes f in 1,3 cm
Höhe und vermerkt: $ef' = 2,75$ cm. Den Halbmesser 1560 betrachte
man als endgültig, während der Halbmesser 850 des Linksbogens nur
vorläufig als Näherungswert angenommen ist. Er hängt noch ab von der
endgültigen Höhe der Steigung. Der Punkt a sei aber endgültig festgelegt auf km 7,9575. Demnach kennt man die ganze Länge $a - e$
$= 26,75$ cm (km 8,225—7,9575 in Zentimetern der Zeichnung). Bezeichnet man die gesuchte Höhe $bb' = cc'$ mit x und $c'f'$ mit y, so muß sein:
$$x = 1,3 + \frac{5}{15,6}\, y$$
wegen des Höhenmaßstabes 1 : 20 (vgl. Abschn. 40);
ferner muß $b'c' = 26,75 - 6,0 - 2,75 - y = 18,0 - y$ sein. Die Fläche
$abcfdea$ muß den Soll-Inhalt 140,9 (Doppelinhalt) erhalten. Zur Berechnung der Unbekannten hat man also die Gleichungen:

1. $x = 1{,}3 + \dfrac{5}{15{,}6}\, y$ oder $3{,}12\,(x - 1{,}3) = 3{,}12\,x - 4{,}056 = y$

2. $6\,x + 2\,x\,(18{,}0 - y) + (x + 1{,}3)\,y + 2{,}6 \cdot 2{,}75 = 140{,}9$.

Setzt man in die zweite Gleichung den Wert für y aus der ersten ein, so entsteht:

$$6\,x + 2\,x\,(22{,}056 - 3{,}12\,x) + (x + 1{,}3)\,(3{,}12\,x - 4{,}056) = 133{,}75$$

$$6\,x + 44{,}112\,x - 2 \cdot 3{,}12\,x^2 + 3{,}12\,x^2 + 4{,}056\,x - 4{,}056\,x - 5{,}273$$
$$= 133{,}75 - 3{,}12\,x^2 + 50{,}112\,x = 139{,}023$$

$$x^2 - 16{,}061\,x = -44{,}56$$

$$x = 8{,}03 \pm 4{,}463 \ .$$

Nur das negative Vorzeichen liefert einen brauchbaren Wert, demnach wird $x = 3{,}567$ und $y = 7{,}07$ cm.

Hiernach ist die Zeichnung auf Tafel VI ergänzt worden. Die Summenlinie zeigt den kleinen Schlußfehler 4 mm (= 4 cm der Wirklichkeit); wie man ihn auf die 250 m lange Gesamtstrecke verteilt, ist gleichgültig. Da die Endhöhe der S-Linie zu der Zwischengeraden günstig liegt, empfiehlt es sich, wagerecht rückwärts zu gehen bis zum Anfang der Parabel des ersten Bogens auf der Zwischengeraden und dann den Bogenanfang durch die sehr flachen Gegenparabeln zu erreichen, deren Wechselpunkt auf gleicher Länge liegt mit dem Wechselpunkt der Parabeln in der K-Linie. Wenn man die Verschiebungsmaße, die sich im Maßstab 1:10 aus der Zeichnung ergeben, absetzt, wird man an Stelle der verkrümmten Zwischengeraden eine tadellose gerade Linie von km 8,05 —8,105 erhalten.

Der kleinste Krümmungshalbmesser, den die Parabeln von km 7,9275 bis 8,0475 erreichen, beträgt fast genau 850 m.

63. Absteckung von der Geraden aus.

Die Aufgabe, bei Anlegung neuer Haltepunkte eines von zwei geraden Gleisen durch Gegenkrümmungen auf größeren Abstand zu bringen, ist gleichfalls nach dem Evolventenverfahren leicht zu lösen. Die Bogen sollen in diesem Fall nach preußischen Vorschriften 3000 m Halbmesser haben, und die Zwischengerade soll 30 m lang sein. Das Entwurftrapez hat dann die auf Tafel V links oben dargestellte gleichmäßige Form. Angenommen, der Gleisabstand solle um ein Meter vergrößert werden. Da die Schattenlängen der Steigungen sich bei Anwendung des Maßstabes 1:20 zu der Trapezhöhe x verhalten müssen wie 30:5 oder wie 6:1, lautet der Inhaltsausdruck $2 \cdot 6\,x^2 + 6\,x = 10{,}0$ (man rechnet mit doppelten Inhalten, weil die S-Linie den doppelten Maßstab hat; 1 m stellt sich im Maßstab 1:10 als 10 cm dar). Daraus ergibt sich:

$$x^2 + \tfrac{1}{2}\,x = \frac{5}{6}\,.$$

$$x = -\frac{1}{4} + \sqrt{\frac{1}{16} + \frac{5}{6}} = -0{,}25 + 0{,}946 = 0{,}696 \text{ cm}$$

und
$$6\,x = 4{,}176 \text{ cm}.$$

Man wird die S-Linie dazu aber nicht durch Abgreifen der Höhen aus dem K-Linienbild zeichnen, sondern die Höhe der ersten Parabel auf $6\,x^2 = 2{,}906$ cm festlegen; der Anfang der zweiten Parabel muß auf der Höhe $6\,x^2 + 6\,x = 2{,}906 + 4{,}176 = 7{,}082$ cm liegen. Schon diese Rechnung ist entbehrlich, denn die Schattenlänge der gemeinsamen Tangente einschließlich der Zwischengeraden muß $3\,x + 3{,}0 + 3\,x = 7{,}176$ cm sein. Man braucht nur die 4,176 cm langen Parabeln oder nur eine davon zu zeichnen, dann hat man alle etwa gewünschten Absteckmaße im Maßstab 1:10 vor sich. Sollten aus irgendwelchen Gründen kleinere Halbmesser gewählt werden müssen, die Übergangsbogen erfordern, so bleibt doch die Rechnung ebenso einfach, weil die Flächen der Parabelwinkel einander aufheben und nicht in Ansatz gebracht werden.

IX. Die Erfüllung besonderer Bedingungen.
(Hierzu Tafeln VI und VII.)

64. Unverschiebbare Strecken.

Auf unverschiebbare Gleisstellen ist schon bei Eintragung des Entwurfs in die K-Linie Rücksicht zu nehmen. Dabei ist grundsätzlich zu unterscheiden zwischen längeren unverschiebbaren Strecken und unverschiebbaren Punkten, an denen eine Drehung der Bogentangente möglich ist.

Ein Fall der ersten Art ist in dem unteren Beispiel II auf Tafel VI angenommen, das die K-Linie des oberen Beispiels wiederholt. Es soll angenommen werden, von km 8,104—8,125 liege eine Brücke. Außerdem ende bei km 7,968 eine Weiche, so daß die obere Lösung unmöglich ist und auf die Parabel verzichtet werden muß. Der Entwurf wird nur nach Augenmaß gezeichnet, und zwar beginnt man zweckmäßig mit einer Linie durch die Brücke, die sich mit der K-Linie deckt. Tut sie dies nicht, kreuzt sie etwa die Brückenstelle in der Mitte, so wird die S-Linie an dieser Stelle gekrümmt erscheinen; man müßte dann, um Verschiebungen zu vermeiden, eine ebenso gekrümmte Parabel dort anbringen, und diese würde auf die Darstellung in der K-Linie notwendig die Wirkung ausüben, daß der verbesserte Entwurf sich mit der K-Linie deckte. Darum ist es geboten, den Entwurf von vornherein so zu zeichnen.

Die Brücke liegt in einem flachen Bogen von 5750 m Halbmesser; nach rechts muß ein schärferer Bogen angeschlossen werden, um auf die Endhöhe der K-Linie zu gelangen; nach links führt man, soweit die Rücksicht auf den Flächenausgleich es zuläßt, die Steigung der Brückenstelle weiter; dann muß, weiter nach links, ein wagerechtes Stück folgen für die Zwischengerade. Wegen der Größe des anstoßenden Halbmessers (7500 m) genügen 20 m Länge für diese Gerade. Davor setzt sich eine Parabel mit tangentialem Anschluß an die kurze Steigung für einen Bogen von 500 m Halbmesser (der endgültig auf 414 oder rund 400 m festgestellt worden ist). Der ganze Entwurf ist nach Augenmaß gezeichnet.

Die S-Linie ist darunter dargestellt. Lotet man die Brechpunkte c und h auf die Wagerechten durch die Enden der S-Linie herab nach C' und H, so geht die Linie $C'H$ — zufällig — genau durch die Brückenlage. Man könnte sich diesen Zufall zunutze machen und $C'H$ als berichtigte Gleisführung gelten lassen; denn die größte Verschiebung betrüge nur 9 cm (bei km 8,020); unzulässige Spannungen wären also nicht zu befürchten. Unter der Länge bd und bei H auf die Länge der Parabel in der K-Linie wären flache Parabeln einzulegen.

Zu Studienzwecken soll eine umständlichere Lösung gewählt werden. Man zieht die Gerade FG möglichst deckend durch die Brückenstelle, weiter von G (auf der Lotlinie von g) nach H und schaltet in die Winkel bei G und H Parabeln ein von der Länge derer in der K-Linie. Auf der Strecke von A bis F sollen nur ganz geringe Verschiebungen gemacht werden. Man könnte bequem mit einer Doppelparabel von A nach F gelangen; aber dann würde auf die Strecke unter de ein Parabelteil entfallen; dieser würde eine Drehung der Strecke de bedeuten. Da aber jede geneigte Strecke im Bilde der K-Linie einen Bogen bedeutet, würde die Zwischengerade verlorengehen. Wohl darf man in der S-Linie eine schräge Gerade auf diese Strecke legen; denn eine solche bedeutet nur eine gleichlaufende Verschiebung, bewirkt aber keine Krümmung, wenn nicht schon der Entwurf eine solche darstellt. Man zeichnet einen Linienzug $ABCDEF$ so ein, daß die zwischen AB, BD und EF einzuschaltenden Parabeln, die auf diesen Strecken nicht nur zulässig, sondern erforderlich sind, um einen ungebrochenen Zug herzustellen, annähernd den Flächenausgleich herbeiführen. Zu diesem Zweck muß der Winkelpunkt der Parabel EF auf der Verlängerung von FG und mitten zwischen den Lotlinien von e und f gewählt werden. Ebenso muß der Winkelpunkt C mitten zwischen b und d liegen. Die Wahl der Höhe des Punktes C hängt nur von der Flächenschätzung ab (Entwurf der Parabeln zunächst mit weichem Bleistift, vgl. Abschn. 57).

Die kleine Parabel AB bedeutet eine rückläufige Drehung der Steigung ab, sie ist schon so erheblich, daß aus dem mit 500 m Halbmesser

entworfenen Bogen ein solcher von 414 m, rund 400 m, geworden, und
der Bogenanfang um etwa 80 cm der Wirklichkeit nach links verschoben
worden ist. Die Parabel BD verteilt einen Querfehler von wenigen
Zentimetern auf die 60 m lange kubische Parabel.

DE bedeutet eine geringe Parallelverschiebung der Zwischengeraden nach rechts. Die Parabel EF verändert den Halbmesser 5750
des Entwurfs für diese Strecke in 7500. Man sieht daraus, daß sehr
flache Steigungen schon durch sehr flache Parabeln erheblich verändert werden. Beiläufig sei bemerkt, daß für die 40 m Länge von e nach f
die Evolvente eines Bogens von 5750 m Halbmesser 0,14 m, diejenige
eines Bogens von 7500 m aber 0,106 m beträgt, daß also eine Verlegung
des Bogenendes um 3,4 cm in Richtung des Halbmessers genügt, um
den einen Bogen in den anderen zu verwandeln. Man bekommt eine
gute Vorstellung von der Sicherheit des Verfahrens, wenn
man FG über F hinaus bis auf die Lotlinie von E verlängert;
der Abstand des Punktes E von FG ist nämlich jener Evolventenunterschied; er ergibt genau 3,4 mm = 3,4 cm der Wirklichkeit.

Auf der Strecke fgh sind die Halbmesser des Entwurfs unverändert
geblieben, weil FG gerade ist. Die Parabeln bei G und H verteilen wieder
kaum meßbare Abweichungen auf die kubischen Parabeln.

65. Unverschiebbare Punkte.

Wenn an der unverschiebbaren Stelle eine Drehung der Tangente
möglich ist, so braucht der Entwurf die K-Linie nicht an der Stelle zu
schneiden. Die Lage des Entwurfs kann von irgendwelchen Bedingungen abhängen. Ein solches Beispiel ist auf Tafel VII in der unteren
rechten Ecke dargestellt. Die K-Linie ae ist gegeben. Es soll angenommen werden, der Entwurf solle bei dem unverschiebbaren Punkt e die
Höhe $df = 6$ cm von der Auftraglinie haben. Man denke sich, daß die
wie im vorigen Beispiel aus irgendwelchen Gründen von rechts her-
kommende Entwurfsarbeit zu dem Punkte d geführt habe. Dann ist
nur dafür zu sorgen, daß der Flächenblock zwischen Entwurf und Auftraglinie bis zu km 3,1 (f) gleich dem Flächenblock zwischen K-Linie
und Auftraglinie wird. Diese Fläche, in einen $\frac{1}{2}$ cm breiten Streifen
aufgelöst, mißt 55,7 cm; die Summe der Werte Σh bis einschließlich
3,095 (aufgetragen bei 3,0975) ergab 556,98 dcm, die im Maßstab 1 : 20
aufgetragen sind. Der (doppelte) Inhalt 55,7 entfällt zum Teil auf das
Dreieck bfd, zum Teil auf den Parabelwinkel abc; dieser hängt von
der noch unbekannten Steigung bd ab.

Man erhält einen guten Näherungswert für bf, wenn man vorerst
den Inhalt 55,7 durch die Höhe 6 teilt. Das erhaltene Maß 9,28 cm
setzt man von f aus rückwärts ab, zieht die Steigung mit Bleistift aus und

liest den Halbmesser 770 m ab. Nun ließe sich der Inhalt des Parabelwinkels bestimmen. Da man aber weiß, daß der Inhalt des Dreiecks um den des Parabelwinkels vermindert werden, also der Punkt bei b etwas nach rechts rücken, und folglich die Richtung bd steiler, also der Halbmesser kleiner werden muß, tut man gut, den Halbmesser schon etwas kleiner, etwa mit 750 m, in die Rechnung einzuführen. Der Inhalt des Parabelwinkels ist $\frac{1}{3}$ mal Länge mal Höhe; man muß ihn doppelt ansetzen, weil er in einen nur $\frac{1}{2}$ cm breiten Streifen aufgelöst zu denken ist. Die Parabelhöhe ist ein Viertel der Endhöhe. (Vgl. Abschn. 30, Abb. 23), die sich zur halben Länge verhalten muß wie 5 (beim Maßstab 1 : 20, vgl. Abschn. 50) zu der Halbmesserablesung in Zentimetern der Zeichnung (in diesem Falle 7, 5). Der Inhaltsausdruck lautet: $\frac{2}{3} \cdot l \cdot \frac{1}{4} \cdot \frac{l}{2} \cdot \frac{5}{r} = \frac{1}{12} \cdot l^2 \cdot \frac{5}{r}$, in diesem Falle, da $l = 6$ cm werden muß: $\frac{1}{12} \cdot 36 \cdot \frac{5}{7,5} = 2$ cm. Zieht man diesen Wert von 55,7 ab und teilt den Rest 53,7 durch die Höhe $df = 6$, so erhält man 8,95 als endgültiges Maß für bf.

Die S-Linie erreicht bei der Länge von f die Auftraglinie bis auf einen unvermeidlichen, kleinen Schlußfehler, der durch eine schräge Verbindung oder einen Teil des etwa notwendig werdenden Parabelzuges auf eine größere Bogenlänge zu verteilen ist.

Die Zeichnung soll nur den Gedanken deutlich machen. Ob die einseitige starke Verschiebung möglich oder wünschenswert ist, ist eine Frage für sich. Wenn nur geringe Verschiebungen möglich sind, wird man den Punkt d nicht so weit von e entfernen dürfen.

Die Bedingung könnte auch etwa lauten: Der Halbmesser soll 700 m betragen. Dann würde die Rechnung den umgekehrten Gang gehen. Man kennt von vornherein den Parabelwinkel $\frac{1}{12} \cdot 36 \cdot \frac{5}{7}$ $= 2,14$ cm, also auch den Dreiecksinhalt $55,7 - 2,14 = 53,56$ cm. Da sich nun verhalten muß $df : fb = 5 : 7$, hat man zu rechnen: $df = \frac{5}{7} fb$ und $fb \cdot fd = \frac{5}{7} (fb)^2 = 53,56$, woraus folgen würde: $fb = 8,66$ und $df = 6,18$ cm.

66. Erhebliche Tangentenveränderung.

In diesem und den folgenden Abschnitten soll eine verwickelte Aufgabe gelöst werden, deren Bedingungen zunächst im Zusammenhange angegeben werden. Der Bogen, dessen K-Linie in der Hauptzeichnung der Tafel VII dargestellt ist, ist die Einführung einer eingleisigen Strecke in einen Bahnhof. Der Bahnhof wird umgebaut. Eine geplante Weichenstraße zielt so an dem Bogen vorbei, daß das vorhandene Gleis bei km 2,95 um 35 cm und bei km 2,98 um 19 cm nach links verschoben werden muß (siehe Randzeichnung 2). Diese Sollverschiebungen sind durch Anmessung zweier Punkte der in die Gerade hinausgezogenen 5-m-Teilung gegen die neue Tangente bestimmt (unter Berücksichtigung des Abstandes der eingeteilten Schiene von der Gleisachse). Außerdem soll das vorhandene Gleis aus irgendwelchem Grunde bei km 3,1 um 15 cm nach rechts verschoben werden, bei km 3,22 dagegen wegen eines Signalmastes liegenbleiben, darf aber gedreht werden. Ferner soll nur ein Halbmesserwechsel vorkommen. Endlich sei festgestellt, daß die Schlußtangente sehr fehlerhaft ist. Das Gleis soll bei km 3,31 um 7 cm und bei km 3,33 um 5 cm nach rechts verlegt werden.

Man muß sich eine klare Vorstellung davon zu verschaffen suchen, wie die S-Linie aussehen muß, wenn sie all diesen Bedingungen entsprechen soll. Den etwa erforderlichen Parabelzug denke man sich dabei durch die Auftraglinie ersetzt; denn jenen zeichnet man nur notgedrungen, um die durch Mängel des Augenmaßes und durch Zeichenfehler entstandenen Abweichungen zu verteilen; das Ideal des Parabelzuges ist die gerade Linie nach dem Beispiel der untersten Zeichnung auf Tafel I. Sodann ist rückwärts zu schließen, wie der Entwurf sich zur K-Linie verhalten haben müßte, wenn diese gewünschte Form der S-Linie hätte entstehen sollen.

Man stelle eine rohe Zeichnung dieser S-Linie her. Sie muß von km 2,95—2,98 unterhalb der Auftraglinie liegen und die Abstände 3,5 und 1,9 cm haben, da die Verschiebungen nach links 35 und 19 cm groß werden sollen; ferner muß sie bei km 3,1 die Auftraglinie um 1,5 cm übersteigen wegen der gewünschten rechtsseitigen Verschiebung um 15 cm; sodann muß sie km 3,22 die Auftraglinie berühren oder schneiden usw. Aus diesen Erwägungen ergibt sich die Umrißlinie des oberen Teils der Randzeichnung 1, die als Rechenfigur dienen soll, und deren unterer Teil dem Entwurf in der K-Linie entspricht.

Zu Bequemlichkeit drückt man alle Maße, auch die Längen, in Zentimetern der Zeichnung aus, schreibt also 295 für 2,95 usw., wobei volle Kilometer auch ganz fortgelassen werden können.

Der Entwurf muß von 295—298 unter der K-Linie liegen, da die S-Linie steigen soll; man wird hernach bei Bildung der S-Linie die abgegriffenen Maße nach oben abtragen müssen, also muß eine positive Fläche (über dem Entwurf) vorhanden sein. Da die Steigung auf 3 cm = 6 Halbzentimeter Länge 3,5 — 1,9 = 1,6 cm ausmachen soll, muß der Entwurf 1,6 : 6 = 0,266 cm unter der K-Linie liegen, und zwar wagerecht, sonst würde die S-Linie keine ansteigende gerade Linie werden. Die Sollverschiebungen von 35 und 19 cm haben einzeln auf das Maß der Parallelverschiebung (0,266...) keinen Einfluß; dieses hängt nur vom Steigungsverhältnis (35—19) : 6 ab. Der errechnete Abstand drückt die Änderung des Zentriwinkels aus (vgl. Abschn. 50). Nach der

geometrischen Randzeichnung 2, in der von der Verschiebung um 15 cm
bei km 3,1 abgesehen worden ist, verkleinert sich der Zentriwinkel für
den tangential an den alten Zustand heranzuführenden Bogen um
den Winkel zwischen der alten und neuen Anfangstangente; dieser
aber mißt im Bogen von 1 m Halbmesser 0,16 : 30, im Bogen von 10 m
Halbmesser 1,6 : 30 = 0,0533.. = 5,33.. cm, die sich im Maßstab
1 : 20 als 0,266... cm darstellen.

Der Abstand 1,9 cm von der Auftragslinie muß dadurch erreicht
werden, daß man diese, die ja noch nicht festliegt, auf dieses Maß hebt,
was durch die nachfolgende Flächenrechnung erreicht wird. Um das
andere Maß (3,5 cm) braucht man sich nicht mehr zu kümmern; denn
wenn die Auftraglinie 1,9 cm über jenem liegt, so liegt sie von selbst
3,5 cm über diesem, weil die Steigung aus dem Abstand der Parallelen
notwendig folgtt.

67. Sollverschiebungen.

Der Punkt bei 310 soll 1,5 cm oberhalb der Auftraglinie liegen. Die
Aufgabe ist grundsätzlich schon in Abschn. 65 erörtert, denn die Beibehaltung eines festen Punktes ist nichts weiter als eine Sollverschiebung
von der Größe Null. Neu ist hier nur die Rücksicht auf die Tangenten-
verschwenkung. Man denke sich die S-Linie von der Wagerechten durch
den Punkt B (Randzeichnung 1) aufgetragen; von dieser muß der
Punkt C den Abstand 1,9 + 1,5 = 3,4 cm haben; folglich muß der Inhalt der Fläche $b'd'd$ zwischen K-Linie und Auftraglinie um 3,4 cm
wachsen (unter Flächen stets Längen von Halbzentimeterstreifen verstanden). Jene Fläche ist wie im Beispiel des Abschnitts 65, das dieselbe
K-Linie darstellt, 55,7 cm. Der Inhalt der Fläche $bb'd'd$ muß also 55,7
+ 3,4 = 59,1 werden. Davon entfallen auf den Parallelstreifen von der
Breite $bb' = 0,266...$ schon 2 · (310 — 298) · 0,266... = 6,4 cm, für
das restliche Dreieck nebst dem Parabelwinkel bleiben 52,7 übrig. Man
könnte nun die Höhe des Punktes d nach Augenmaß wählen und nach
Abschn. 65 weiterverfahren. Wegen der Bedingung, daß nur ein Halbmesserwechsel vorkommen soll, die zwar ohne Rechnung durch Verlängerung der nach Schätzung entworfenen Steigung mit Hilfe eines
später zu zeichnenden Parabelzuges, der den übrigen Bedingungen genügt, erfüllt werden könnte, soll ein anderer Weg gewählt werden, der
auch nicht beschwerlich ist. Dazu muß zunächst der zweite Bogenteil
betrachtet werden.

68. Geringfügige Tangentenveränderung.

Für geringfügige Änderungen der Anschlußgeraden lohnt sich die
Rechnung nach Abschn. 66 im allgemeinen nicht. Im vorliegenden Fall
muß die Parallelverschiebung gegen die Wagerechte durch den End-

punkt der K-Linie $0{,}2 : 4 = 0{,}05$ cm $= 0{,}5$ mm nach oben betragen, ist also eben noch darstellbar.

Der angenommene Fall wird praktisch kaum vorkommen; denn ein derartiger Tangentenfehler, der eine Drehung notwendig macht, wird sich als flacher Bogen äußern, den man bei der Messung schon mit berücksichtigt, selbst wenn er vom Hauptbogen durch ein kurzes, gerades Zwischenstück mit den Pfeilhöhen Null getrennt ist. Eher wird es vorkommen, daß die anschließende Gerade auf größere Länge um einige Zentimeter gleichlaufend verschoben werden muß. Dann muß sich die Endhöhe des Entwurfs mit der K-Linie decken, weil sich der Zentriwinkel nicht ändert. Man wird beim Entwurf der Ausgleichslinie nur die Flächenschätzung sinngemäß vornehmen, damit man hernach die Summenparabel in der gewünschten Weise an die S-Linie heranführen kann, ohne starker Schwingungen zu bedürfen.

Im vorliegenden Fall würde man die Ausgleichlinie so legen, daß die positiven Flächen etwas überwögen; die S-Linie würde gegen das Ende hin etwas steigen und die Heranführung des Parabelzuges in der gewünschten Entfernung leicht machen.

Da hier noch die Bedingung zu erfüllen ist, daß der Bogen bei 322 nicht verschoben werden soll, wird die Tangentenänderung in Rechnung gestellt. Der Flächenblock zwischen K-Linie und Auftragslinie von km 3,22 bis km 3,31 beträgt nach dem Feldbuch 255,6 cm (mal $\frac{1}{2}$ cm). Ein Rechteck von gleicher Länge (9 cm) und der Endhöhe (152,96 dcm) des Feldbuchs hat die Größe $2 \cdot 9 \cdot 15{,}3 = 275{,}4$ (mal $\frac{1}{2}$ cm). Die Fläche $ff_1 i_1$ unter der K-Linie bis zur Endwagerechten hat die Größe $275{,}4 - 255{,}6 = 19{,}8$. Davon kommen in Abzug für den 0,05 cm breiten Parallelstreifen auf 9 cm Länge: $2 \cdot 9 \cdot 0{,}05 = 0{,}9$ und ferner 0,7 als Solländerung, um die geplante Hebung der S-Linie über die Endwagerechte zu erreichen. Die Restfläche $19{,}8 - 0{,}9 - 0{,}7 = 18{,}2$ muß gleich werden dem Dreieck $ff_2 g$ zwischen dem Entwurf und der um 0,05 cm über die Endhöhe gehobenen Wagerechten, vermehrt um den Parabelwinkel bei g.

Man entwirft eine als Ausgleichlinie günstig erscheinende Steigung nach Augenmaß, von der sich erwarten läßt, daß sie in dem letzten Bogenteil die gewünschte Wirkung tut (positive Flächen etwas größer als die negativen!), die aber auch nach links einen brauchbaren Anschluß an den vorderen Bogenteil ermöglichen muß. Nimmt man sie zu steil, so werden die für den ersten Bogenteil festgelegten Bedingungen unerfüllbar; man muß die Verhältnisse sehr behutsam abwägen. Im allgemeinen sind solche Entwürfe keineswegs schwierig; eine derartige Anhäufung von Bedingungen auf kurze Entfernung wird praktisch nicht leicht vorkommen.

Man wird sich hier entschließen, den Halbmesser auf 1500 m festzulegen. Die Parabel soll 40 m lang werden; der Parabelwinkel beansprucht $\frac{1}{12} \cdot 16 \cdot \frac{5}{15} = 0{,}444\ldots$ von der Fläche 18,2. Für das Dreieck bleiben 17,76 übrig. Nennt man seine Höhe x, so wird die Länge $\frac{15}{5}x = 3x$ und der Inhalt $3x^2 = 17{,}76$. Folglich wird $x = ff_2 = 2{,}433$ und $f_2 g = 3x = 7{,}3$ cm. Das Bogenende liegt demnach 7,3 cm von der Lotlinie des Punktes f (km 3,22), mithin bei km 3,293.

69. Festlegung des Bogenwechsels durch Rechnung.

Der noch unbestimmte Halbmesser und der Bogenanfangspunkt des ersten Korbbogenteils müssen so festgelegt werden, daß der Punkt f auch von links her erreicht wird, ohne daß bei f ein Knick entsteht. Die Fläche $b'f'fdb$ ist aus dem Feldbuch zu ermitteln durch Addition der Werte Σh bis einschließlich km 3,215; der Sollbetrag der Fläche $b'd'db$ ist ebenfalls bekannt; und endlich muß efg eine gerade Linie werden. Aus diesen drei Beziehungen ergeben sich drei unabhängige Gleichungen zur Bestimmung der in der Randzeichnung 1 mit x, y und z bezeichneten Größen.

Die Höhen bezieht man zweckmäßig auf die im Abstand $0{,}266\ldots$ unter dem Anfang der K-Linie liegende Parallele, muß aber diese Verschiebung bei den Flächenangaben berücksichtigen. In Abschn. 67 war die Fläche bis d zu 52,7 angegeben. Man bestimmt den Halbmesser roh zu rund 600 m; die Parabel soll 80 m lang[1]) werden, der Parabelwinkel beansprucht rund $\frac{1}{12} \cdot 64 \cdot \frac{5}{6} = 4{,}44$; für das Dreieck verbleiben $52{,}7 - 4{,}4 = 48{,}3$. Daraus folgt die erste Bedingung:

$$x \cdot y = 48{,}3 \, . \tag{81}$$

Die Höhe $f'f$ ist bekannt als Unterschied der Endhöhe $15{,}3 - 0{,}05$ und der Höhe von f auf die Schlußparallele 2,433; sie beträgt 12,817; demnach die Höhe des Punktes f von der Anfangsparallelen $12{,}817 - 0{,}266 = 12{,}55$ (mit m bezeichnet).

Da $d'f' = 12$ cm, ist $e'f' = 12 - z$; da ferner de im Verhältnis $y : x$ steigen muß, damit bei d kein Knick entstehe, ist die Höhe von e zur Parallelen: $y + z \cdot \dfrac{y}{x}$.

Die Fläche zwischen y und m muß gleich werden der aus dem Feldbuch zu ermittelnden Fläche zwischen K-Linie und Auftraglinie von km 3,1 bis km 3,22 ($= 247{,}87$), vermindert um den $0{,}266\ldots$ cm breiten Streifen auf 12 cm Länge ($= 2 \cdot 12 \cdot 0{,}266 = 6{,}40$), vermehrt um den bei Bildung der S-Linie negativ wirkenden Parabelwinkel für den Übergang aus dem 600-m-Bogen zum 1500-m-Bogen, der einem Halb-

---

[1]) Nach den preußischen Vorschriften würden 60 genügen; hier sind 80 genommen worden, um die Zeichnung deutlicher zu machen.

messer von 1000 entsprechen (vgl. Abschn. 59), also 60 m lang werden muß, dessen Inhalt demnach $\frac{1}{12} \cdot 36 \cdot \frac{5}{10} = 1,5$ ausmachen wird, endlich vermindert um 1,5, weil die bei km 3,1 erreichte Hebung um 15 cm bei km 3,22 wieder verschwunden sein muß.

$$247,87 - 6,40 + 1,5 - 1,5 = 241,47 \,.$$

Die zweite Gleichung für den Flächenblock zwischen y und m lautet:

$$z\left(2\,y + z \cdot \frac{y}{x}\right) + (12 - z)\left(m + y + z\,\frac{y}{x}\right) = 241,47 \,, \qquad (82)$$

die sich vereinfachen läßt zu

$$y \cdot z + 12\,y + 12\,z \cdot \frac{y}{x} - m \cdot z = 241,47 - 12\,m \,. \qquad (83)$$

Aus der Bedingung, daß e auf der Entwurfsteigung des zweiten Bogenteils liegen muß, folgt die dritte Gleichung:

$$\frac{m - y - z \cdot \dfrac{y}{x}}{12 - z} = \frac{5}{15} = \frac{1}{3} \qquad (84)$$

oder $\qquad 3\,m - 3\,y - 3\,z \cdot \dfrac{y}{x} = 12 - z \,.$ $\qquad\qquad (85)$

Setzt man für m den oben ermittelten Zahlenwert 12,55, so entstehen aus den Gleichungen (83 und 85) die folgenden:

$$y \cdot z + 12\,y + 12\,z \cdot \frac{y}{x} - 12,55\,z = 90,87 \qquad (86)$$

$$3\,y + 3\,z \cdot \frac{y}{x} - z = 25,65 \,. \qquad (87)$$

Man multipliziert beide Gleichungen mit x und setzt für die dabei entstehenden Produkte $x \cdot y$ den Wert aus Gleichung (81):

$$48,3\,z + 12\,y \cdot z - 12,55\,x \cdot z - 90,87\,x = -\,579,6 \qquad (88)$$

$$3\,y \cdot z - \qquad x \cdot z - 25,65\,x = -\,144,9 \,. \qquad (89)$$

Stellt man z aus beiden Gleichungen heraus, so entsteht:

$$z = \frac{90,87\,x - 579,6}{48,3 + 12\,y - 12,55\,x} = \frac{25,65\,x - 144,9}{3\,y - x} \,. \qquad (90)$$

Die Multiplikation über Kreuz führt zu der Gleichung:

$$272,61\,x \cdot y - 90,87\,x^2 - 1738,8\,y + 579,6\,x = 1238,9\,x - \qquad (91)$$
$$-\,6998,67 + 307,80\,x \cdot y - 1738,8\,y - 321,91\,x^2 + 1818,50\,x$$

$$231,04\,x^2 - 2477,8\,x = 35,19\,x \cdot y - 6998,67 = -\,5299,0 \qquad (92)$$

$$x^2 - 10{,}725\,x = -\,22{,}935 \tag{93}$$

$$x = +\,5{,}363 \pm \sqrt{28{,}762 - 22{,}935} \tag{94}$$

$$x = 5{,}363 + 2{,}414 = 7{,}777\ . \tag{95}$$

Die negative Wurzel liefert keinen brauchbaren Wert. Aus Gleichung (81) folgt: $y = 6{,}21$ und aus Gleichung (90): $z = 5{,}029$. Zur Auftragung wird man noch berechnen: $y + z \cdot \dfrac{y}{x} = y\left(1 + \dfrac{z}{x}\right) = \dfrac{y}{x}\,(x + z) = 10{,}226$, also $d'\,d = 10{,}226 + 0{,}267 = 10{,}49$ cm.

70. Bedingte Summenparabeln.

Die errechneten Maße sind in die Hauptzeichnung (Tafel VII) übertragen; danach ist der Entwurf in die K-Linie eingetragen worden. Die Darstellung der S-Linie hat damit begonnen, daß von einer beliebigen Wagerechten aus zunächst die 3,5 cm und 1,9 cm bei km 2,95 und 2,98 nach unten abgesetzt wurden; es empfiehlt sich nicht, diesen Teil der S-Linie durch Abgreifen der Abstände zwischen K-Linie und Entwurf zu konstruieren, da man eine etwa auftretende, zeichnerische Ungenauigkeit des Höhenunterschiedes gegenüber dem Sollbetrag von 1,6 cm doch durch entsprechende Verbesserung der Auftraglinie beseitigen müßte.

Bei km 3,1 ist die Sollverschiebung genau erreicht, dagegen weicht die S-Linie bei km 3,22 um 5 mm von der Wagerechten ab, und der Endpunkt, der 5 mm über der Auftraglinie liegen müßte, liegt auf der Linie selbst. Die Fehler müssen beseitigt werden.

Zuerst wird das Bogenende berichtigt. Hier tritt trotz der Berechnung infolge kleiner Ungenauigkeiten beim Ausziehen des Entwurfs und beim Abgreifen die Notwendigkeit ein, die Summenparabel nach Abschn. 68 an die S-Linie heranzuführen. Man setzt die Sollmaße 7 und 5 mm von der S-Linie ab und verbindet die erhaltenen Punkte. Die Linie liegt ein wenig schräg, das kommt daher, daß innerhalb der Strecke von km 3,31 bis km 3,33 noch K-Linienpunkte aufgetragen sind, die Tangente des bestehenden Gleises bei 3,31 noch nicht erreicht war; deshalb wurde auch dieser Teil der S-Linie durch Abgreifen in der K-Linie gebildet im Gegensatz zur Behandlung der Anfangsstrecke km 2,95 bis km 2,98.

Zwischen die rote Endgerade und die bis km 3,1 durchgeführte Auftraglinie ist nun ein Parabelzug einzuschalten, der beide Geraden berührt und durch den unverschiebbaren Punkt bei km 3,22 geht. Man lotet die Brechpunkte der Entwurfsteigung aus der K-Linie und die Endpunkte der Übergangsbogen auf die Auftraglinie der S-Linie ab und richtet den Parabelzug so ein, daß auf die Längen der Übergangsbogen je eine Parabel mit Wölbung nach oben und auf den Hauptbogen von 1500 m eine nach unten hängende Parabel entfällt. Diese Parabeln müssen je eine gemeinsame Tangente haben. Die Formel für die Berücksichtigung des Zwangspunktes ist etwas verwickelt; man findet sie unter Nr. 19 der anhängenden Formelsammlung.

Zum Schluß sei abermals betont, daß dieses Beispiel wie die früheren nur ein Schulbeispiel ist. Wer an den großen Verschiebungen Anstoß nimmt, möge bedenken, daß daran nicht das Verfahren schuld ist, sondern die angenommenen Bedingungen. Wenn man diesen Bogen, der nach seiner K-Linie offenbar ein dreiteiliger Korbbogen ist, in einen zweiteiligen verwandeln will, so sind diese großen Verschiebungen unvermeidlich, und jedes andere Verfahren muß notwendig zu demselben Ergebnis führen.

71. Änderung der Gleisentfernung.

Von einem fehlerhaften Gleise aus kann man ein fehlerloses abstecken, das von dem fehlerhaften an beiden Enden verschiedene Entfernung hat. Angenommen, die Gleisentfernung ändere sich von 3,5 auf 5 m, also um 1,5 m. Eine Skizze des K-Linienbildes wird hinreichen, den Vorgang deutlich zu machen.

Abb. 51 stelle die K-Linie im Maßstab 1 : 20 dar. Die Summe der Werte Σh liefert die Fläche (doppelt) $abcd$ bis zu einer beliebigen Ordinate $cd = [h]$. Diese Fläche muß um 15 cm wachsen; denn die S-Linie wird im Maßstab 1 : 10 die Verschiebung von 1,5 m als 15 cm erscheinen lassen. Dividiert man $f + 15$ durch $[h]$, so erhält man die mittlere Trapezbreite x in Halbzentimetern und damit den Drehpunkt D, durch den man jede beliebige Steigung ziehen kann. Man hat also die Wahl des Halbmessers frei.

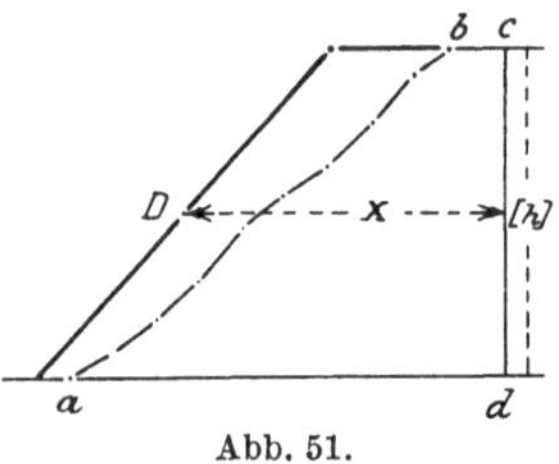

Abb. 51.

Auch die Einlegung von Übergangsparabeln ändert nichts, da die Parabelwinkel sich aufheben. Die S-Linie zu der Fläche zwischen Entwurf und K-Linie liefert alle Absteckmaße, die natürlich um den am Anfang schon vorhandenen Abstand von 3,5 m zu vergrößern sind. Man kann also auf Grund der Pfeilhöhenmessung an einem Gleis beide abstecken.

Ist die Schlußtangente des abzurückenden Bogens nicht mit der des zur Messung benutzten parallel, so ist der Abstand beider Tangenten an zwei Punkten in bekannter (übrigens beliebiger) Entfernung zu messen. Daraus ergibt sich die nach Abschn. 66 zu berechnende Parallelverschiebung der oberen Wagerechten, d. h. die Änderung der Höhe cd, die die Zu- oder Abnahme des Zentriwinkels ausdrückt. Die Rechnung ist ebenso einfach wie vorhin, anstatt durch $[h]$ ist durch die berichtigte Endhöhe zu dividieren.

72. Allgemeine Anmerkungen.

Das Anwendungsgebiet des Evolventenverfahrens ist außerordent-lich groß. In Frage kommen alle Absteckungen von geraden oder krummen Gleisen aus, bei denen die Breitenausdehnung von der als Standlinie gewählten Schienenkante etwa 6 m nicht überschreitet. Wo es nicht auf große Genauigkeit ankommt, etwa bei der Absteckung vorübergehender Bauzustände, wo außerdem nur mit beschränkter Geschwindigkeit gefahren wird — Brückenumbaustellen und dergleichen — darf man bis zu 12 m Breite gehen.

Hierbei kommen häufig Notweichen vor, die nur für die Dauer der Bauzeit benutzt werden. Die Steigungslinien für diese Weichen sind nach den Normalzeichnungen leicht darzustellen. Oft handelt es sich darum, nur festzustellen, ob eine beabsichtigte Gleisführung möglich ist, oder wie sie etwa geändert werden muß, welcher Raum für einen Werkplatz — bei Brückenbauten — verfügbar bleibt, oder in welcher Weise ein Bahnsteig abgeändert werden muß, ohne daß die Absteckung selbst schon Zweck hätte, weil die Festpunkte bei den Bauarbeiten notwendig zerstört werden müßten. In all solchen Fällen ist das Evolventenverfahren dem geometrischen Verfahren weit überlegen, weil man die Verschiebungen feststellen kann, ohne die Absteckung auszuführen.

Wenn man die Vermarkung nur in 20-m-Abständen vornehmen will, braucht man die S-Linie nicht in 5-m-Teilung zu zeichnen. Man muß allerdings die Höhenabstände zwischen K-Linie und Entwurf sämtlich abgreifen, braucht aber nur jeden zweiten oder vierten Punkt aufzutragen. Die S-Linie wird dadurch grobeckig und unschön, und die Arbeitsersparnis ist nicht groß; dennoch wird man namentlich bei sehr langen und flachen Bogen gern von dieser Vereinfachung Gebrauch machen, weil die Absteckung der S-Linienpunkte das Auge von dem K-Linienbilde ablenkt und zu Irrtümern beim Abgreifen führen kann. Man kann übrigens die S-Linie auf einen losen Millimeterpapierstreifen zeichnen, den man nach Bedarf nahe an die Stelle der K-Linie, an der man angelangt ist, heranschieben kann. Ratsamer ist indessen, ein Lineal oder Zeichendreieck von links stets bis an die Arbeitsstelle nachzuschieben, dann wird man sich nicht leicht irren.

Zur Erreichung von Zwangspunkten empfiehlt sich die Flächenberechnung nach Abschn. 65, 67 und 69, wenn der Zwangspunkt außerhalb des bestehenden Gleises liegt, da die Flächenschätzung in diesem Falle sehr schwierig ist. Liegt der Zwangspunkt im Gleis, so kann man entweder ebenso verfahren oder bei Zeichnung des Parabelzuges von den in der anhängenden Sammlung verzeichneten Formeln Gebrauch machen.

X. Die Vermarkung.

73. Arten der Vermarkung.

Die preußischen Oberbauvorschriften enthalten Bestimmungen über die räumliche Verteilung der Achsfestpunkte, nicht aber über die Art dieser Festpunktkörper. Daher können hier nur einige Erfahrungen mitgeteilt werden, die für niemanden verbindlich sind.

Im Rheinland sind von 1880 bis etwa 1910 gußeiserne Ständer mit Fußteller von 60 cm Durchmesser als Festpunktkörper verwendet worden. Sie haben die Form eines Kragenknopfes, wiegen etwa 50 kg, und der Fußteller hat zwischen den Ausläufern des vierkantigen Stempels je ein Loch von rund 5 cm Durchmesser. Diese Gußständer wurden auf drei halbe Ziegelsteine gestellt, dann wurde flüssiger Zement in die Grube gegossen, der durch die Bohrlöcher in den unteren Hohlraum floß, sich mit dem umgebenden Erdreich verband und mit den Ziegelsteinen einen schweren Klotz bildete; der ganze Teller wurde dann noch mit einer etwa 10 cm hohen Betonschicht bedeckt. Diese Vermarkung ist unverwüstlich, aber kostspielig, da der Kopf des Gußständers nicht nur die seitliche Lage der Achse genau bezeichnen, sondern auch die Schienenhöhe angeben sollte. Der Einbau erforderte sorgfältige Arbeit und zahlreiche Arbeitskräfte.

Billiger, aber auch weniger gut ist die Benutzung von Betonsteinen, in die ein kurzer, senkrecht stehender Bolzen eingelassen wird, der die Sollhöhe angibt. Es ist festgestellt, daß die dem Frost ausgesetzten Steinköpfe nebst den Bolzen schon nach dem ersten harten Winter durch einen Fußstoß abgebrochen werden können. An Stelle des Bolzens müßte eine durch den ganzen Stein hindurchgehende Eisenstange genommen werden.

Vorzüglich bewährt haben sich Schienenpfosten von 1,0—1,2 m Länge, die in Beton versetzt werden. Als Höhenmarke dient eine Schienenwanderklammer, die am Schienenfuß festgeschraubt wird. Damit der Rottenführer die Setzlatte zur Einwägung der Schienenhöhe nach beiden Seiten bequem aufsetzen kann, wird der Schienenpfosten mit dem Steg in die Richtung der Achse eingebaut. Die Seitenrichtung der Achse wird durch eine in den Fuß eingestanzte Kerbe deutlich gemacht.

Die vorgenannten Festpunktkörper werden selbstverständlich nur an den Stellen verwendet, wo Höhenmarken notwendig sind. Zur Vermarkung der Bogenkleinpunkte sind 1 m lange Siederohre am geeignetsten, die unten zugeschärft sind. Sie werden trocken eingeschlagen, später auf etwa 50 cm Tiefe angegraben und mit Hilfe eines pyramidenförmigen Holzkastens, der mit Blech ausgeschlagen sein kann, nachträglich mit einem Betonklotz umgeben, der nur bezweckt, die Standsicherheit zu vergrößern durch sein Gewicht; in frostfreie Tiefe braucht er nicht zu reichen. Die Siederohre werden, wenn sich beim Einrammen ein Wulst gebildet hat, oben glatt abgeschnitten und mit Zement verfüllt, um sie gegen eindringendes Regenwasser zu schützen. Diese Vermarkungsart ist sehr billig, da abgängige Siederohre in jeder Eisenbahnwerkstätte vorrätig sind, und der Einbau von einem gewissen- haften Meßgehilfen mit Unterstützung eines anderen Arbeiters vor- genommen werden kann. Nach Vollendung einer gewissen Strecke hat sich der Vermessungsbeamte von der Richtigkeit zu überzeugen, er wird dann auch durch Messung der Pfeilhöhen über die Festpunkte die Güte seiner eigenen Arbeit prüfen.

Der Abstand der Bogenkleinpunkte sollte nicht mehr als 20 m be- tragen, da der Verlust eines einzelnen Punktes immerhin im Bereich der Möglichkeit liegt und eine Lücke von 40 m schon störende Gleis- verwerfungen befürchten läßt.

Die geschichtliche Entwicklung des Verfahrens.

Der Grundgedanke des Verfahrens, durch zeichnerische Darstellung der Pfeilhöhensummenreihe die seitlichen Lagefehler eines Gleisbogens zu ermitteln, rührt von dem Eisenbahnlandmesser Alexander Nalenz her, der am 30. September 1849 in Dirschau geboren wurde und am 4. Januar 1910 in Köln starb.

Nalenz ließ im ersten Heft des Jahrgangs 1898 der Zeitschrift des Rheinisch-Westfälischen Landmesservereins einen Aufsatz erscheinen unter der Überschrift „Verfahren bei Wiederherstellung der Gleisachse in Krümmungen". Dieser Aufsatz beginnt mit der Entwicklung der Evolventenabweichungen aus den Abweichungen der Pfeilhöhensummenreihen des fehlerhaften und des ausgleichenden Bogens, liefert aber keine auf Anschauung gegründeten Beweise und wirkte daher nicht überzeugend. An Stelle der in Abschn. 16 dieses Buches dargestellten Zerlegung und Wiedervereinigung der Pfeilhöhengruppen liest man in jenem Aufsatz nur: „da es ——— erforderlich ist, ——— die erhaltenen Maße jedesmal zu verdoppeln, so ist statt dessen die doppelte Anzahl Pfeilhöhen gemessen worden". Damals scheint Nalenz die Einfachheit der Zeichnung quadratischer Parabeln noch nicht gekannt zu haben; er ersetzt die K-Linien für die Übergangsbogen durch Kreisbogen, die er mit dem Zirkel beschreibt, nicht ohne zu erwähnen, daß diese eigentlich Parabeln zweiten Grades sein sollten. Bemerkenswert ist ein Kniff, den er anwendet, um eine weitere Verdopplung des Maßstabs der Summenlinie zu erzielen. Er zeichnet den Entwurf nicht in die K-Linie (die er „empirische Linie" nennt) hinein, sondern er zeichnet in gleichem Abstand über und unter der K-Linie zwei Parallele zu diesem Entwurf und greift die Höhen beider eingeschlossenen Flächenstreifen ab, die untere positiv, die obere negativ; dadurch verdoppelt sich die Abweichung zwischen dem nur gedachten, aber nicht dargestellten mittleren Entwurf und der K-Linie, so daß die S-Linie zu einem etwa im Maßstab 1 : 40 dargestellten K-Linienbilde im Maßstab 1 : 10 erscheint. Ferner ist bemerkenswert, daß Nalenz schon 1898 ein Bild von den tangentialen Verschiebungen entwirft, indem er zu der S-Linie wiederum die S-Linie zeichnet; er benutzt diese Zeichnung dazu, um den günstigsten Wechselpunkt bei Korbbogen zu ermitteln. Man findet in diesem Aufsatz auch schon den Weg zur Berücksichtigung unverschiebbarer Punkte angedeutet. Das Verfahren war vollkommen durchdacht.

Es fand keinen Anklang; die Darstellung auf kaum 15 kleinen Druckseiten konnte nicht erschöpfend sein, man vermißte allzuviel, was zum Beweise nötig gewesen wäre; Nalenz setzte sehr viel mathematische Kenntnisse voraus, und es war ihm — nach seinen eigenen Worten — nicht gegeben, sich gemeinverständlich auszudrücken.

Er selbst wandte das Verfahren an, und die verblüffenden Erfolge veranlaßten mehrere seiner Fachgenossen in Köln, es gleichfalls zu versuchen; aber das geschah mechanisch und zum Teil mit Hilfe von Nalenz, ohne daß es jemandem gelungen wäre, in die Theorie tiefer einzudringen.

Im Jahre 1905 gab die Kgl. Eisenbahndirektion Köln eine „Anweisung für das Setzen von Gußständern" heraus. Als Sonderheft erschienen „Erläuterungen" dazu aus der Feder des Landmessers Nalenz. Diese stellten eine Gelehrtenarbeit dar, mit der der Praktiker erst recht nichts anzufangen wußte. Nalenz beginnt hier damit, seinen Gedanken auf die Ausgleichung der Fehler in den Geraden anzuwenden, und zwar nur, weil hierbei der Beweis leicht zu führen ist, daß diese Ausgleichung den Grundsätzen der Methode der kleinsten Quadrate entspricht; er glaubte damit das Verständnis für die Behandlung der Bogen zu erleichtern. Die Darstellung der Ausgleichung von Krümmungen geht vom Bogendifferential aus; das Wort „Evolvente" kommt in dieser kleinen Schrift gar nicht vor. Die Zeichnung quadratischer Parabeln (nach Abschn. 31 dieses Buches) wird ohne Beweis hier gezeigt. Die Summenparabeln bei Korbbogen haben keine gemeinschaftlichen Tangenten, obwohl sie in dem Aufsatz von 1898 solche besitzen. Die Pfeilhöhensummen werden in den Messungspunkten, nicht 2,5 mm voraus, aufgetragen; folglich werden alle Bogenenden um 2,5 m falsch bestimmt. Beide Fehler sind praktisch nicht von erheblicher Bedeutung, da Nalenz nur die durch den Betrieb verursachten Gleisverschiebungen rückgängig machen, aber keine Veränderungen von größerem Ausmaß vornehmen wollte, die Parabeln daher sehr flach werden. Dennoch bleibt es unverständlich, wie ein solcher Rückschritt gegen die Abhandlung von 1898 möglich war. Als einzige Erklärung hat Nalenz mir in seinen letzten Lebenstagen angegeben, er habe das Verfahren vereinfachen wollen, da ja seine frühere Arbeit keinen Anklang in Fachkreisen gefunden habe. Hier muß zu seiner Ehre erwähnt werden, daß er die Notwendigkeit der Versetzung der K-Linie um 2,5 mm, die erst die Ausdehnung des Verfahrens auf größere Verschwenkungen möglich macht, richtig erkannt zu haben scheint; in dem Aufsatz von 1898 wird sie zwar nicht erwähnt; aber die Abbildungen zeigen sie.

In den Jahren 1908—1912 veröffentlichte ich eine Reihe von Studienaufsätzen über das Verfahren in der Zeitschrift des Vereins der Eisenbahnlandmesser. Da mir die jüngere der beiden Nalenzschen Arbeiten als die bessere erscheinen mußte, und ihr Urheber in viel zu hohem Ansehen als Mathematiker stand, um an ihrer Richtigkeit zu zweifeln, gingen die Fehler jener Arbeit in diese Studienaufsätze über und haben der richtigen Erkenntnis lange den Weg versperrt.

Im Jahre 1914 erschien nach längeren Verhandlungen und Beratungen mit den Herren Geheimen Bauräten Samans und Bräuning meine Schrift „Die Berichtigung der Krümmung in Gleisbogen". Da das Bestreben dahin ging, hieraus eine Dienstvorschrift zu machen, die als solche kurz sein muß, wurden die mathematischen Ableitungen und Beweise auf ein Mindestmaß beschränkt; die Folge war, daß auch diese Schrift noch zu hohe Anforderungen an mathematische Vorkenntnisse stellt. Der Praktiker hat selten Zeit, sich selbst die Beweise für die Richtigkeit seiner Theorien zu suchen.

Mit dem vorliegenden Buch hoffe ich dem Evolventenverfahren endlich breitere Wege geebnet zu haben.

Formelsammlung.

Vorbemerkung.

Die Grundlinien der beigedruckten Zeichnungen können schräg in der Netzteilung des Millimeterpapiers liegen. Als Längenmaß schräger Linien ist stets ihre Schattenlänge einzusetzen. Alle Höhen liegen senkrecht in der Netzteilung und bilden mit schräg liegenden Sehnen, Tangenten usw. schiefe Winkel.

Die Bedeutung der durch Buchstaben bezeichneten Werte ergibt sich aus den Zeichnungen. Streckenmaße und Flächen oberhalb der maßgebenden Linie (Tangente, Sehne, Sekante) sind positiv, unterhalb dieser Linie negativ.

Allen Maßen ist dieselbe Längeneinheit zugrunde zu legen.

A. Allgemeine Formeln.

1. Evolvente E des Bogens s vom Halbmesser r:

$$E_s = \frac{s^2}{2\,r} \quad \text{(s. Abschn. 12)}.$$

---

2. Teilevolvente e des 10 m langen Bogens = Pfeilhöhe h des 20 m langen Bogens:

$$e_{10} = h_{20} = \frac{10^2}{2\,r} = \frac{50}{r}.$$

---

3. $r = \dfrac{50}{h_{20}} = \dfrac{10\,l}{[h]}$, wenn l die Schattenlänge der Entwurfsteigung und $[h]$ die Summe aller Pfeilhöhen in Metern der Wirklichkeit bezeichnet.

---

4. Zentriwinkel:

$$\alpha = \tfrac{1}{10}\varrho \, \Sigma h \quad \text{(s. Abschn. 20)}$$
$$\alpha'' = 20\,626{,}48 \, \Sigma h \quad (\Sigma h \text{ in Metern}).$$

---

5. Abstand d des Drehpunktes D der Entwurfsteigung vom rechten Rande des Flächenstreifens, in dem der letzte in die Flächenrechnung einbezogene Punkt der K-Linie liegt:

$$d \; (\text{cm}) = \frac{\Sigma\,\Sigma h}{2\,[h]} \quad \text{(s. Abschn. 46)}.$$

6. Verschiebung der Bogenenden infolge von Parallelverschiebung des Entwurfs:

$$n \text{ (cm)} = \frac{v}{2H},$$ wenn $H = [h]$ der Zeichnung ohne Rücksicht auf den Maßstab (s. Abschn. 36, Abb. 28).

Verschiebung nach $\dfrac{\text{rechts}}{\text{links}}$, wenn $v \dfrac{\text{positiv}}{\text{negativ}}$ ist.

---

7. Verschiebung der Bogenenden infolge von Drehung des Entwurfs um seinen Mittelpunkt und Höhe des Schnittpunktes der Parabeltangenten:

$$q = \mp \frac{l}{2} \pm \sqrt{\left(\frac{l}{2}\right)^2 \pm \frac{3f}{H}} \qquad \text{(s. Abschn. 38, Abb. 31 u. 33)}$$

a) $2h + t = q \cdot H \cdot \dfrac{l+q}{l+2q}$ \qquad b) $2h + t = q \cdot H \cdot \dfrac{l-q}{l}.$

Die $\dfrac{\text{oberen}}{\text{unteren}}$ Vorzeichen in der Formel für q und die Formel $\dfrac{a}{b}$ für $2h + t$ gelten bei Verschiebung der Bogenenden nach $\dfrac{\text{außen}}{\text{innen}}$.

Wenn Übergangsbogen von der Länge a vorhanden sind, gelten folgende Formeln mit den $\dfrac{\text{oberen}}{\text{unteren}}$ Vorzeichen für die Verschiebung nach $\dfrac{\text{außen}}{\text{innen}}$:

$$q = \frac{1}{4}\left[\pm \frac{a^2}{3l} \mp l \pm \sqrt{\left(\frac{a^2}{3l} - l\right)^2 \pm \frac{24f}{H}}\right]$$

$$2h + t = H \cdot q\left[1 - \frac{a(a+3l)}{3l(a+l \pm 2q)}\right].$$

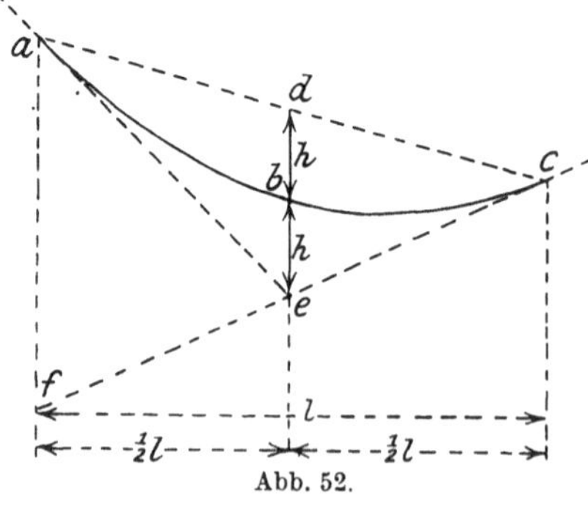

Abb. 52.

8.

$$af = 4h$$

Parabelabschnitt:

$$abcda = \tfrac{2}{3} l \cdot h$$

Parabelwinkel:

$$abcea = \tfrac{1}{3} l \cdot h$$

Fläche $\quad abcfa = \tfrac{1}{3} l \cdot af = \tfrac{4}{3} l \cdot h.$

9.

$$\frac{n}{y} = \frac{m^2}{l^2},\qquad n = y\left(\frac{m}{l}\right)^2,$$

$$y = n\left(\frac{l}{m}\right)^2.$$

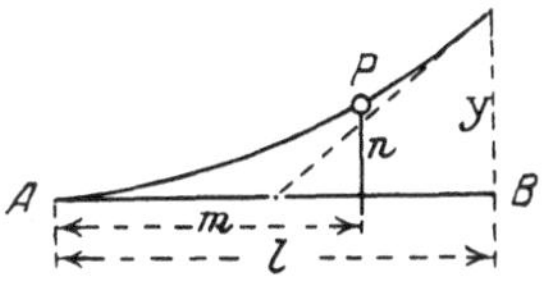

Abb. 53.

B. Formeln für Summenparabeln.

I. Einfache Parabeln.

10a. Die Parabel soll von A aus durch einen Punkt P mit den Koordinaten m und n gehen und bei der Länge L mit diesem Sekantenabschnitt L und der gesuchten Endhöhe y eine Fläche f einschließen.

$$y = \frac{6\,\dfrac{f}{L}\cdot p - \dfrac{n}{m}\cdot L^2}{2p - m},$$

$$2h + \tfrac{1}{2}\,y = \frac{3f}{L} - y = \frac{3\,\dfrac{f}{L}\cdot m - \dfrac{n}{m}\,L^2}{m - 2p}.$$

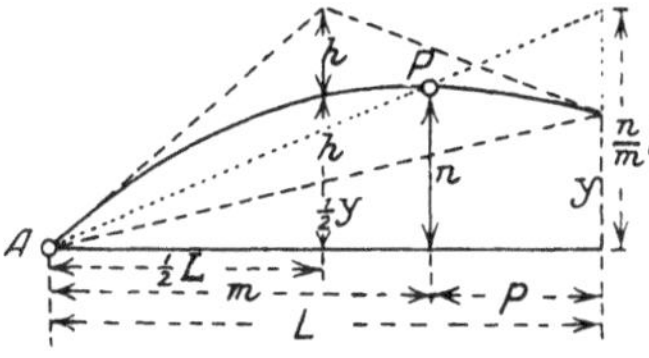

Abb. 54.

Der Wert $\dfrac{n}{m}\,L$ kann der Zeichnung entnommen werden als Höhe

der Geraden AP beim Endpunkte der Strecke L, ähnlich $6\,\dfrac{f}{L}$

nach Abb. 34, Abschn. 39.

10b. Wenn P auf L liegt, also $n = o$ ist, wird

$$y = \frac{6\,\dfrac{f}{L}\cdot p}{2p - m},$$

$$2h + \tfrac{1}{2}\,y = \frac{3f}{L} - y = \frac{3\,\dfrac{f}{L}}{m - 2p}.$$

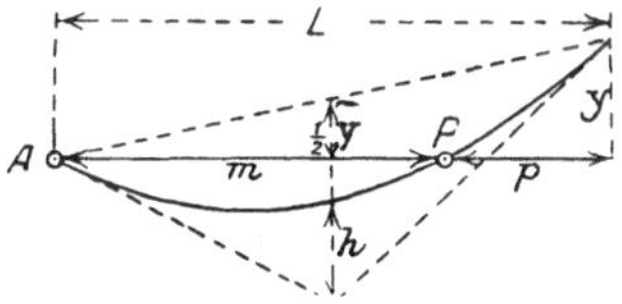

Abb. 55.

10c Die bei P zusammenstoßenden Parabeln sollen einzeln gezeichnet werden.

$$y \text{ nach } 10\,a$$

$$2h_1 + \tfrac{1}{2}\,n = \frac{n\cdot L - 3f\left(\dfrac{l_1}{L}\right)^2}{2\,l_2 - l_1}$$

Abb. 56.

$$2h_2 + \tfrac{1}{2}\,(n + y) = \frac{3f\,\dfrac{l_1\cdot l_2}{L^2} + n\cdot\dfrac{L}{l_1}\,(l_2 - l_1)}{2\,l_2 - l_1}.$$

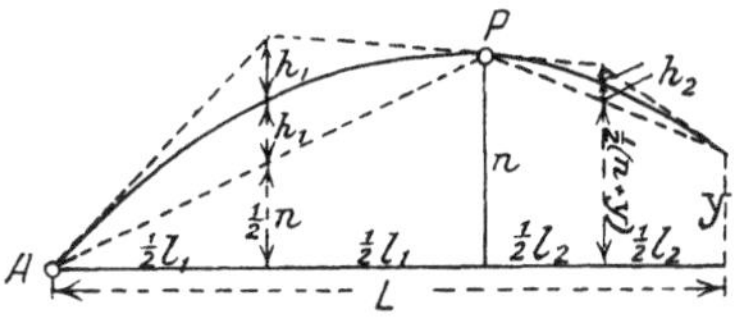

10d. Wenn P auf L liegt,

y nach 10b

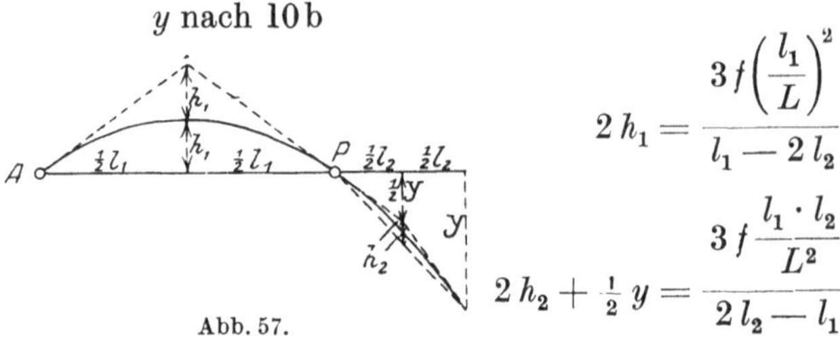

Abb. 57.

$$2\,h_1 = \frac{3\,f\left(\dfrac{l_1}{L}\right)^2}{l_1 - 2\,l_2}$$

$$2\,h_2 + \tfrac{1}{2}\,y = \frac{3\,f\,\dfrac{l_1 \cdot l_2}{L^2}}{2\,l_2 - l_1}$$

---

11. Eine Parabel soll durch drei feste Punkte A, B und C gehen; in diesem Falle ist f abhängig.

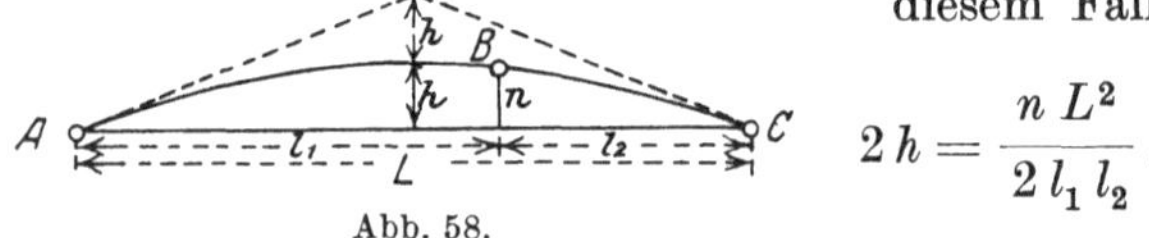

Abb. 58.

$$2\,h = \frac{n\,L^2}{2\,l_1\,l_2}.$$

II. Doppelparabeln.

12. Die Fläche zwischen Sehne und Parabelzug soll durch die Senkrechte y des Berührungspunktes beider Parabeln in die gegebenen Flächen f_1 und f_2 zerlegt werden.

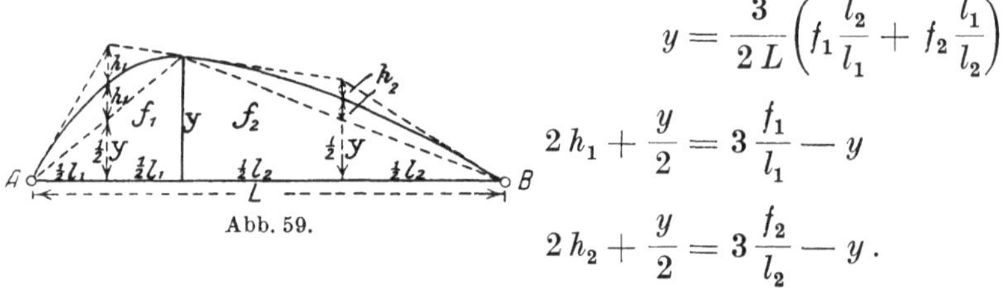

Abb. 59.

$$y = \frac{3}{2\,L}\left(f_1\,\frac{l_2}{l_1} + f_2\,\frac{l_1}{l_2}\right)$$

$$2\,h_1 + \frac{y}{2} = 3\,\frac{f_1}{l_1} - y$$

$$2\,h_2 + \frac{y}{2} = 3\,\frac{f_2}{l_2} - y.$$

---

13. Der Parabelzug über der Sehne $AB = L$ soll durch einen Punkt P gehen und mit der Sehne die Fläche f einschließen.

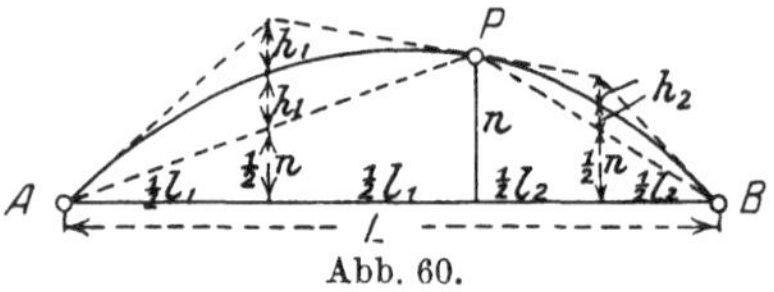

Abb. 60.

$$2\,h_1 + \tfrac{1}{2}\,n = \frac{L^2 \cdot n - 3\,f \cdot l_1}{L\,(l_2 - l_1)}$$

$$2\,h_2 + \tfrac{1}{2}\,n = \frac{L^2 \cdot n - 3\,f \cdot l_2}{L\,(l_2 - l_1)}.$$

Die Aufgabe 13 ist nur lösbar, wenn l_1 und l_2 verschieden sind. Je mehr l_1 sich l_2 nähert, um so weniger praktisch brauchbar sind die Formeln. Für $l_1 = l_2$ wird f abhängig, nämlich $f = \tfrac{2}{3}\,L\,n$; man kann dann $h_1 = h_2 = \tfrac{1}{4}\,n$ setzen; der Wert f ändert sich aber nicht, wenn man h_1 beliebig annimmt, weil dann $h_2 = \dfrac{n}{2} - h_1$ werden muß. Ist $n = o$, so wird $2\,h_1 = \dfrac{3\,f\,l_1}{L\,(l_1 - l_2)}$ und $2\,h_2 = 2\,h_1\,\dfrac{l_2}{l_1}$, woraus sich für $l_1 = l_2$ ein beliebiges $h_1 = h_2$, aber stets $f = o$ ergibt.

14. Der Parabelzug soll die Tangente L bei A berühren, in P mit der Höhe n enden, im Abstande l_1 von A aus seinen Verlauf ändern und mit L und n die Fläche f einschließen.

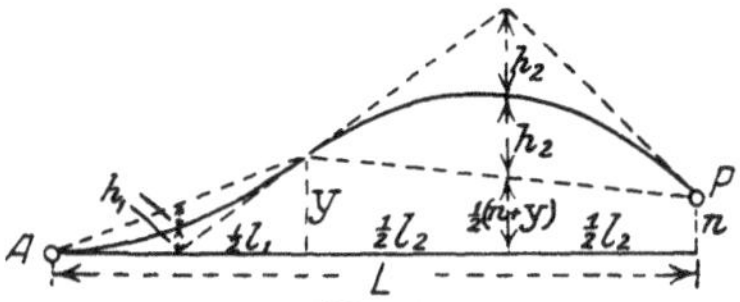

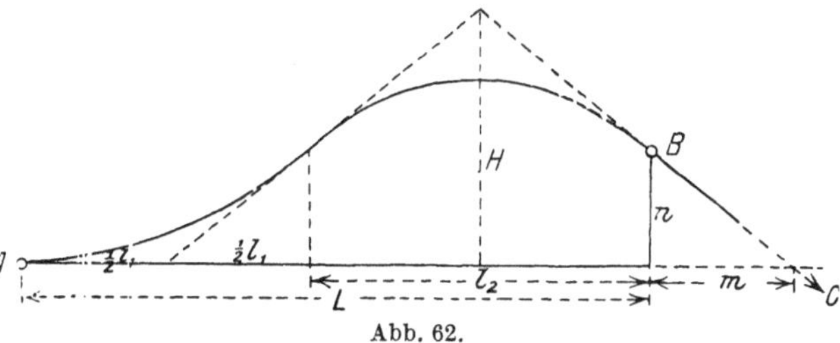

Abb. 61.

$$y = \frac{l_1}{L^2} \cdot (3f - n \cdot l_2)$$

$$2h_2 + \tfrac{1}{2}(n + y) = \frac{L}{l_1} \cdot y = \frac{1}{L}(3f - n \cdot l_2).$$

Für $n = o$ fällt das zweite Glied in den Klammern fort.

15. Der Parabelzug soll die Tangente L bei A und die Tangente BC mit der Steigung $\frac{n}{m}$ bei B berühren und mit L und der Senkrechten von B die Fläche f einschließen.

Abb. 62.

a) Liegt m außerhalb von L (vgl. Abb.), so ist:

$$l_2 = \frac{3f - Ln}{2m + L} \cdot \frac{2m}{n} \quad \text{und} \quad H = \frac{3f + 2m \cdot n}{L + 2m}.$$

b) Liegt m innerhalb von L, so sind die Parabeln in gleichem Sinne gekrümmt, und es ist:

$$l_2 = \frac{3f - Ln}{2m - L} \cdot \frac{2m}{n} \quad \text{und} \quad H = \frac{3f - 2m \cdot n}{L - 2m}.$$

c) Ist n negativ, d. h. liegt B auf der der Fläche f entgegengesetzten Seite von L, so ist eine Lösung nur denkbar, wenn m innerhalb von L liegt. Dann ist:

$$l_2 = \frac{3f + Ln}{L - 2m} \cdot \frac{2m}{n} \quad \text{und} \quad H = \frac{3f + 2m \cdot n}{L - 2m}$$

mit dem absoluten Wert von n.

Die Formel ist mit b) identisch, wenn man hierin n negativ einsetzt. Der Wert des Bruches $\frac{2m}{n}$ kann in allen Fällen als Schattenlänge eines Abschnitts von BC bei 2 cm Höhe der Zeichnung (in Zentimetern ausgedrückt) entnommen werden.

III. Parabelzüge aus 3 Teilen.

16. Der Parabelzug über der Sekante $l_1 + l_2 + l_3 = L$ soll mit jeder dieser drei Teilstrecken seinen Verlauf ändern und mit den Sekantenabschnitten und den Höhen x und y der Teilpunkte die Flächen f_1, f_2 und f_3 einschließen.

$$x = \frac{2\,(l_2 + l_3)\left(f_1\,\dfrac{l_2}{l_1} + f_2\,\dfrac{l_1}{l_2}\right) - l_1\left(f_2\,\dfrac{l_3}{l_2} + f_3\,\dfrac{l_2}{l_3}\right)}{\dfrac{4}{3}\,l_2\,L + l_1\,l_3}$$

$$y = \frac{2\,(l_2 + l_1)\left(f_3\,\dfrac{l_2}{l_3} + f_2\,\dfrac{l_3}{l_2}\right) - l_3\left(f_2\,\dfrac{l_1}{l_2} + f_1\,\dfrac{l_2}{l_1}\right)}{\dfrac{4}{3}\,l_2\,L + l_1\,l_3}$$

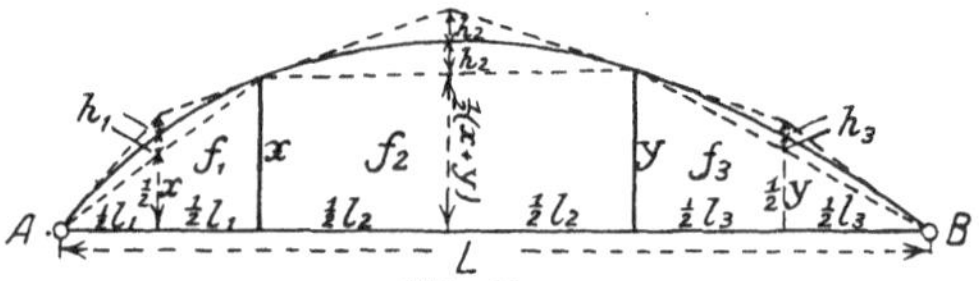

Abb. 63.

$$\frac{x}{2} + 2\,h_1 = 3\,\frac{f_1}{l_1} - x$$

$$\frac{x + y}{2} + 2\,h_2 = 3\,\frac{f_2}{l_2} - (x + y)$$

$$\frac{y}{2} + 2\,h_3 = 3\,\frac{f_3}{l_3} - y\,.$$

---

17. Der Parabelzug soll zwei Wendepunkte auf der Sekante haben und mit dieser eine (stets verschränkte) Fläche f einschließen.

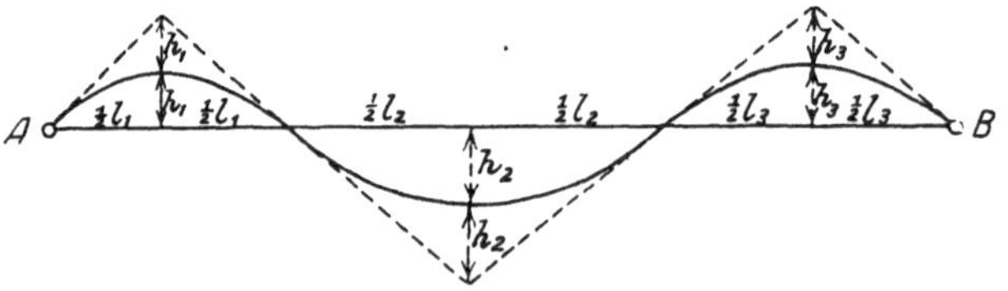

Abb. 64.

$$2\,h_1 = \frac{3\,f\,l_1}{l_1^2 - l_2^2 + l_3^2}$$

$$2\,h_2 = -\frac{3\,f\,l_2}{l_1^2 - l_2^2 + l_3^2} = -2\,h_1\,\frac{l_2}{l_1}$$

$$2\,h_3 = \frac{3\,f\,l_3}{l_1^2 - l_2^2 + l_3^2} = 2\,h_1\,\frac{l_3}{l_1}\,.$$

Die Längen sind durch Schätzung zu ermitteln. Wenn f positiv ist, und der mittlere Parabelabschnitt über der Sekante stehen soll, worüber die Form der Summenlinie entscheidet, so muß l_2^2 größer als $l_1^2 + l_3^2$ gewählt werden.

---

18. Der Parabelzug soll die Gerade $L = l_1 + l_2 + l_3$ mit seinen Enden berühren und mit ihr die Fläche F einschließen.

$$H = \frac{3f}{L}$$

(vgl. Formel 20)

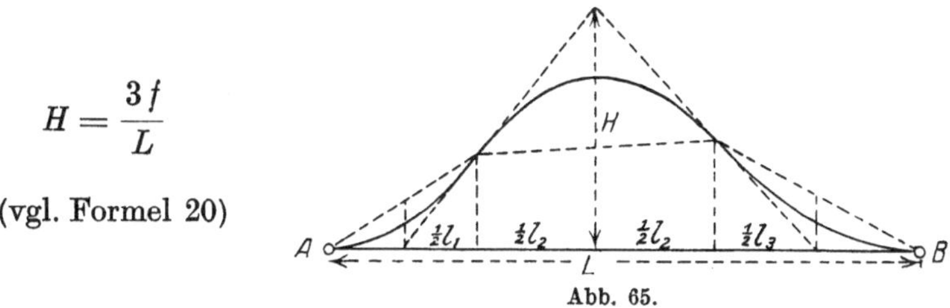

Abb. 65.

l_1, l_2 und l_3 können beliebig gewählt werden, nur muß H in der Mitte von l_2 an L angetragen werden. Die Formel ist insbesondere bei der Ausgleichung einfacher Bogen anzuwenden, wenn die Übergangsbogen aus besonderen Gründen nicht gleich lang werden können.

---

19. A und B sind die Tangentenschnitte zweier Parabeln, deren (halbe) Längen (a und b) bekannt sind. Damit ist $l =$ der Entfernung von A bis B, vermindert um $a + b$, gegeben. Eine Parabel soll jene

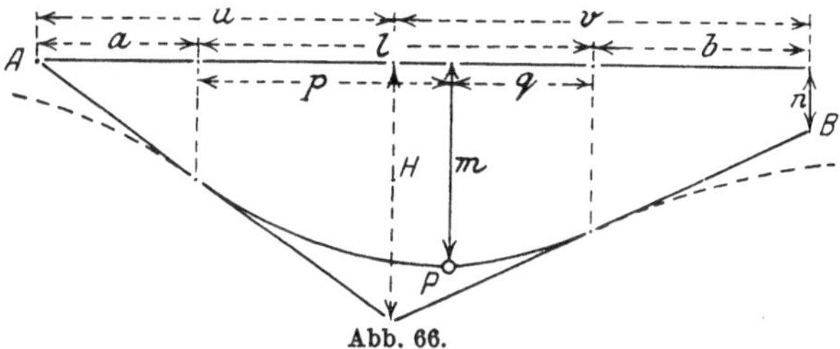

Abb. 66.

beiden Parabeln ohne Zwischengerade berühren und durch einen festen Punkt P gehen.

$$H = \frac{2\,m \cdot l \cdot v - n \cdot p^2}{\left(2\,l - \dfrac{q^2}{u}\right) \cdot v - p^2} \cdot$$

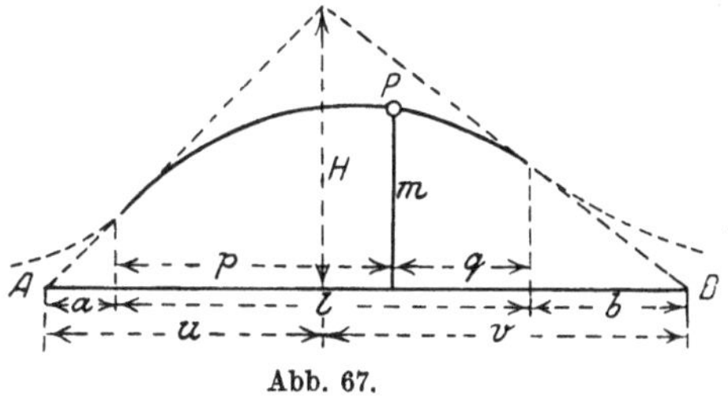

Abb. 67.

Bequemer bezieht man m auf die Verbindungslinie $A{-}B$ der Tangentenschnitte, wodurch $n = o$ wird. Dann ist:

$$H = \frac{2\,m \cdot l}{2\,l - \dfrac{q^2}{u} - \dfrac{p^2}{v}} \cdot$$

20. Der Parabelzug soll auf einer Parallelen zur Anfangstangente im
Abstande n enden und mit jener Tangente und n in der Entfernung
L die Fläche f einschließen.

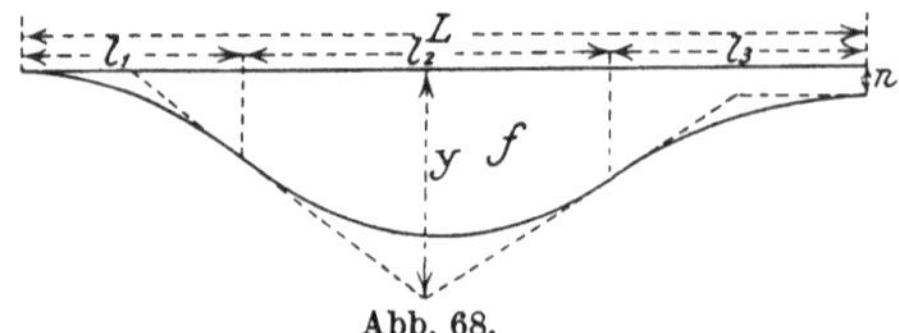

Abb. 68.

$$y = \frac{3f - n(l_2 + 2l_3)}{L}$$

l_1, l_2 und l_3 sind nach Schätzung abzuteilen; die mittlere Parabel kann mit einer der anderen gleichartig gekrümmt sein. Für $n = o$ entsteht die Formel 18. Wenn n auf der entgegengesetzten Seite von f liegt, so ist es als negativ zu betrachten.

Die Formel ist auch anzuwenden, um eine größere zeichnerische Ungenauigkeit im Fall 18 unschädlich zu machen.

Unterbau. Von Prof. **W. Hoyer,** Hannover. Mit 162 Textabbildungen. (Handbibliothek für Bauingenieure, II. Teil: Eisenbahnwesen und Städtebau, 3. Band.) VIII, 187 Seiten. 1923.　　　Gebunden RM 8.—

Aus den Besprechungen:

Der Vorzug dieses gediegenen Buches besteht in der treffsicheren Auswahl des Stoffes vom gesicherten Erfahrungsbesitze an bis zu den neuesten Erkenntnissen herauf. Schon daß auf dem knappen Raum von 187 Seiten der gewöhnliche Unterbau und daneben noch der Tunnelbau so tiefgehend behandelt werden konnte, beweist die hohe Darstellungskunst des Verfassers ... Die enge Bindung geologischer Fragen mit der Behandlung der Erdarbeiten gibt dem Buche sein besonderes Gepräge ... Alles in allem handelt es sich um ein Werk, das für den Bauingenieur in den Werdejahren einen vorzüglichen Führer bildet, das aber auch der Erfahrene mit Genuß und Gewinn lesen wird.

(Organ für Eisenbahnwesen.)

Eisenbahnhochbauten. Von **C. Cornelius,** Regierungs- und Baurat in Berlin. Mit 157 Textabbildungen. (Handbibliothek für Bauingenieure, II. Teil: Eisenbahnwesen und Städtebau, 6. Band.) VIII, 128 Seiten. 1921.　　　Gebunden RM 6.40

Aus den Besprechungen:

Das Buch wird für jeden, der sich mit dem Entwerfen und der Ausführung von Eisenbahnhochbauten zu befassen hat, ein brauchbarer lange gesuchter Wegweiser und ein zuverlässiger Ratgeber sein. Ist doch in ihm aus der Praxis für die Praxis alles das an amtlichen Bestimmungen und erprobten Maßzahlen zusammengetragen, was der Entwerfende als Rüstzeug gebraucht.

(Zeitung des Vereins deutscher Eisenbahnverwaltungen.)

Sicherungsanlagen im Eisenbahnbetriebe auf Grund gemeinsamer Vorarbeit mit Prof. Dr.-Ing. **M. Oder †,** Danzig, verfaßt von Geh. Baurat Prof. Dr.-Ing. **W. Cauer,** Berlin. Mit einem Anhang: Fernmeldeanlagen und Schranken. Von Regierungsbaurat, Privatdozent Dr.-Ing. **F. Gerstenberg,** Berlin. Mit 484 Abbildungen im Text und auf 4 Tafeln. (Handbibliothek für Bauingenieure, II. Teil: Eisenbahnwesen und Städtebau, 7. Band.) XVI, 460 Seiten. 1922.

Gebunden RM 15.—

Als Lehrbuch gegenüber Handbüchern leitet das Werk Erfordernisse und Zweckmäßigkeit der Sicherungsanlagen aus den Anforderungen des Eisenbahnbetriebes ab. Aus dem Zusammenwirken zum Ganzen werden auch verwickelte Einzelheiten verständlich. Das Entwerfen wird erstmalig eingehend behandelt. Auch dem älteren Fachmann wird das Wiedereinarbeiten erleichtert.

Achsdruckverzeichnis (AV). Verzeichnis der zulässigen Achsdrücke, Achsstände und Lademasse. Herausgegeben von der Geschäftsführenden Verwaltung des Vereins Deutscher Eisenbahnverwaltungen, Berlin, im September 1926. 376 Seiten.　　　RM 7.50

Die Berechnung von Straßenbahn- und anderen Schwellenschienen. Von Ing. **Max Buchwald.** Mit 7 Textabbildungen und 24 Tafeln. IV, 39 Seiten. 1913.　　　RM 2.50

Die Berechnung von Gleis- und Weichenanlagen vorzugsweise für Straßen- und Kleinbahnen. Von Ing. **Adolf Knelles,** Bochum. Mit 44 Fig. im Text und auf einer Tafel. IV, 83 S. 1910.　　RM 3.—

Die Gestaltung der Bogen im Eisenbahngleise. Von Prof.
Richard Petersen, Danzig. Mit 46 Textfiguren. 64 Seiten. 1920.   RM 2.10

Die zweckmäßigste Neigung der Eisenbahn. Von Prof. Richard
Petersen, Danzig. Mit 14 Abbildungen. 40 Seiten. 1921.   RM 1.50

Einfluß bewegter Last auf Eisenbahnoberbau und Brücken.
Von Dr.-Ing. Heinrich Saller, Oberregierungsrat. Mit 48 Textabbildungen.
IV, 74 Seiten. 1921.   RM 2.50

**Stoßwirkungen an Tragwerken und am Oberbau im Eisen-
bahnbetriebe.** Von Direktionsrat Dr.-Ing. Heinrich Saller. Mit 6 Textabbildungen. V, 72 Seiten. 1910.   RM 3.20

Die Eisenbahn-Sicherungsanlagen. Ein Lehr- und Nachschlagebuch zum Gebrauch in der Praxis, im Büro und bei der Vorbereitung für
den technischen Eisenbahndienst, sowie für den Unterricht und die Übun-
gen an technischen Lehranstalten. Von **Karl Becker,** Technischer Eisen-
bahnobersekretär in Darmstadt. Mit 291 Abbildungen, einer Verschluß-
tafel und einem Sachregister. X, 232 Seiten. 1920.   Gebunden RM 6.—

Die Sicherungswerke im Eisenbahnbetriebe. Ein Lehr- und
Nachschlagebuch für Eisenbahnbetriebsbeamte und Studierende des Eisen-
bahnbaufaches. Von **E. Schubert.** Fünfte, vollständig neubearbeitete
Auflage von **Oscar Roudolf,** Oberregierungsbaurat z. D. in Berlin.

Erster Band: Elektrische Telegraphen, Fernsprechanlagen, Läutewerke,
Kontaktapparate, Blockeinrichtungen. Mit 404 Textabbildungen. IX,
372 Seiten. 1921.   Gebunden RM 10.—

Zweiter Band: Mechanische Stellwerke, Kraftstellwerke, selbsttätige
Signalanlagen und statische Berechnungen von Signalbrücken im An-
hang. Mit 568 Textabbildungen. VIII, 584 Seiten. 1925.
Gebunden RM 27.—

Bericht des Technischen Ausschusses des Vereins Deutscher Eisenbahnverwaltungen über die Frage der **Einführung einer selbsttätigen durch-
gehenden Bremse für Güterzüge.** Herausgegeben vom Verein Deutscher
Eisenbahnverwaltungen gemäß Beschluß der Vereinsversammlung in
Dresden am 12./13. Dezember 1923. (16. Ergänzungsband zum Organ für
die Fortschritte des Eisenbahnwesens.) Textband: 147 Seiten mit 19 Blatt
Anlagen. Tafelband: 55 Tafeln. 1925.   RM 40.—

**Rangieranlagen und ihre Bedeutung für den Eisenbahn-
betrieb** unter besonderer Berücksichtigung der Beziehungen zwischen
Höhenplan, Leistungsfähigkeit und Wirtschaftlichkeit. Von Dr.-Ing.
Frölich. VII, 79 Seiten mit 16 Anlagen. 1920.   RM 3.—

Die Dampflokomotiven der Gegenwart. Hand- und Lehrbuch für den Lokomotivbau und -betrieb, für Eisenbahnfachleute und Studierende des Maschinenbaues. Unter Durcharbeitung umfangreicher amtlicher Versuchsergebnisse und des Schrifttums des In- und Auslandes, sowie mit besonderer Berücksichtigung der Erfahrungen mit Schmidtschen Heißdampflokomotiven der Preußischen Staatseisenbahnverwaltung. Von Geh. Baurat Dr.-Ing. e. h. **Robert Garbe,** Berlin. Z w e i t e, vollständig neubearbeitete und stark vermehrte Auflage. Mit einem Text- und Tafelbande. Mit 722 Textabbildungen und 54 lithographischen Tafeln mit den Bauzeichnungen neuer, erprobter Heißdampflokomotiven des In- und Auslandes. XVII, 859 Seiten. 1920. Gebunden RM 64.—

Die zeitgemäße Heißdampflokomotive. Zugleich eine Ergänzung der zweiten Auflage des Handbuches „Die Dampflokomotiven der Gegenwart". Von Geh. Baurat Dr.-Ing. e. h. **Robert Garbe,** Berlin. Mit 116 Textabbildungen und 52 Zahlentafeln. IX, 167 Seiten. 1924. Gebunden RM 14.—

Die Dampflokomotive in entwicklungsgeschichtlicher Darstellung ihres Gesamtaufbaues. Von Prof. **J. Jahn,** Technische Hochschule der freien Stadt Danzig. Mit 332 Abbildungen im Text und auf 4 Tafeln. IX, 356 Seiten. 1924. Gebunden RM 18.—

Elektrische Zugförderung. Handbuch für Theorie und Anwendung der elektrischen Zugkraft auf Eisenbahnen von Baurat Dr.-Ing. **E. E. Seefehlner,** a. o. Professor an der Technischen Hochschule in Wien, Vorsitzender der Direktion der AEG-Union, Elektrizitätsgesellschaft in Wien. Mit einem Kapitel über Zahnbahnen und Drahtseilbahnen von Zivilingenieur **H. H. Peter,** Zürich. Z w e i t e, vermehrte und verbesserte Auflage. Mit 751 Abbildungen im Text und auf einer Tafel. XI, 659 Seiten. 1924. Gebunden RM 48.—

Die Lokomotivantriebe bei Einphasenwechselstrom. Eine Untersuchung über Zusammenhänge von Motordimensionierung, Getriebeanordnung und Grenzleistung bei Einphasen-Vollbahnlokomotiven. Von Prof. Dr.-Ing. **Engelbert Wist,** Wien. Mit 48 Textabbildungen. 100 Seiten. 1925. RM. 5.40

Des Lokomotiv-Ingenieurs Taschenbuch. Zur Erinnerung an die Fertigstellung der 20000. Lokomotive. Henschel & Sohn, G. m. b. H. 174 Seiten. 1923. Gebunden RM 7.50

C. W. Kreidel's Verlag in München

Berechnung und Konstruktion von Dampflokomotiven mit einem Anhang über elektrische Lokomotiven. Ein Nachschlagewerk für die Praxis und das Studium. Von Dipl.-Ing. **W. Bauer,** München, und Dipl.-Ing. **X. Stürzer†,** Chemnitz. Z w e i t e, neubearbeitete und erweiterte Auflage von Dipl.-Ing. W. B a u e r, Heidelberg. Mit 428 Abbildungen im Text und auf 10 Tafeln nebst 8 Tabellentafeln. 421 Seiten. 1923. Gebunden RM 20.—

Diesellokomotiven und ihre Antriebe. Von Dipl.-Ing. **W. Bauer,** Heidelberg. Mit 50 Abbildungen im Text. VIII, 96 Seiten. 1925. Kartoniert RM 8.70

Verkehr und Betrieb der Eisenbahnen. Von Prof. Dr.-Ing. **Otto Blum,** Hannover, Oberregierungsrat Dr.-Ing. **G. Jacobi,** Erfurt, und Prof. Dr.-Ing. **Kurt Risch,** Hannover. (Handbibliothek für Bauingenieure, II. Teil: Eisenbahnwesen und Städtebau, 8. Band.) Mit 86 Textabbildungen. XIII, 418 Seiten. 1925. Gebunden RM 21.—

ⓦ **Grundzüge der Eisenbahnwirtschaftslehre.** Von **Sir William M. Acworth,** Kommandeur des Sterns von Indien, Magister Artium. Vom Verfasser unter Mitwirkung von **W. T. Stephenson,** Baccalaureus A., Lektor für Transportwesen an der Universität London, durchgesehene und vermehrte Neuauflage. Aus dem Englischen übertragen von Dr. **Heinrich Wittek,** Eisenbahnminister a. D. X, 190 Seiten. 1926.
RM 7.80; gebunden RM 9.—

ⓦ **Die Neuordnung des bundesstaatlichen Eisenbahndienstes in Österreich.** Eine Studie über ihren Werdegang und ihre bisherige Durchführung, über die ihr anhaftenden Mängel und die Unerläßlichkeit ihrer Abänderung. Von Dr. **Alfred Buschman,** k. k. Sektionschef i. R. Mit einem Anhang, enthaltend den Abdruck des Bundesbahngesetzes vom 19. Juli 1923, Nr. 407 B. G. Bl. und des zugehörigen Statutes vom 19. Juli 1923, Nr. 453 B.G.Bl. IX, 138 Seiten. 1925. RM 5.40

Die Verkehrsmittel in Volks- und Staatswirtschaft. Von Prof. Dr. **Emil Sax.** Zweite, neubearbeitete Auflage.
Erster Band: **Allgemeine Verkehrslehre.** X, 198 Seiten. 1918. RM 8.40
Zweiter Band: **Land- und Wasserstraßen, Post, Telegraph, Telephon.** IX, 533 Seiten. 1920. RM 17.—
Dritter (Schluß-) Band: **Die Eisenbahnen.** Mit Anschluß einer Abhandlung von Prof. Dr. **E. von Beckerath,** Kiel. X, 614 Seiten. 1922.
RM 20.—

Preiserscheinungen des Verkehrswesens. Verkehrstheoretisch-kritische Untersuchungen von Prof. Dr. **Emil Sax.** (Sonderabdruck aus: „Archiv für Eisenbahnwesen", Jahrgang 1926, Heft 1.) 64 Seiten. 1926.
RM 3.—

Die Seehafenpolitik der deutschen Eisenbahnen und die Rohstoffversorgung. Von Privatdozent Dr. **E. von Beckerath,** Leipzig. VI, 281 Seiten. 1918. RM 11.—

Das Seefracht-Tarifwesen. Von Oberregierungsrat Dr. **Kurt Giese,** Hamburg. XVI, 379 Seiten. 1919. RM 16.80

Grundzüge der technischen Wirtschafts-, Verwaltungs- und Verkehrslehre. Von Oberregierungs- und Baurat Prof. **E. Mattern,** Berlin. Mit 35 Abbildungen im Text. VIII, 350 Seiten. 1925.
RM 18.—; gebunden RM 19.50